신유물론과 SF 미학

신유물론과 SF 미학

홍은숙

동국대학교출판부

머리말 ___ 10

I. 원시 연결성과 기계의 신화 ___ 16

    인간과 세계의 연결성 ___ 17

    인간 본성과 자기발견 ___ 20

    인간성과 물질성 ___ 21

    원시 연결성 ___ 22

    근대 연결성 ___ 25

    초연결성 ___ 26

    생물학적 뇌와 정신의 연결성 ___ 27

    기계의 신화 ___ 28

    놀이와 기계 신화 ___ 29

    언어와 기계 신화 ___ 31

    테크네(Techne) ___ 32

    거대 기계(인간을 부품으로 하는 기계) ___ 34

    정신과 상징 ___ 36

<트랜센던스>, 유기체는 죽지만
뇌는 초월적 존재로 되살아난다 ___ 38

물질적 빛과 의식의 빛 ___ 42

인간의 본성, 의례, 질서, 사회 기계 ___ 46

언어의 발명으로 본 인간의 본성과 사물의 본성 ___ 49

언어적 전회(Linguistic Turn) ___ 50

언어적 전회와 신화의 시대 ___ 52

일상의 발명: 신화, 의미를 부여하는 상징적 활동 ___ 53

일상의 발명: 몸치장과 과학의 발생 ___ 57

일상의 발명: 추상 ___ 58

물질혁명과 정신혁명: 농업혁명과 기술혁명 ___ 60

비인격적 질서라는 권력의 개발: 권력과 과학의 부상:
신적 왕권, 거대 기계, 문명 ___ 61

거대 기계, 보이지 않는 기계 ___ 64

노예형 기계 문화가 가져온 노예의 꿈, 자동화의 꿈 ___ 66

데우스 엑스 마키나Deus ex machina(God from the Machine) ___ 68

고대 그리스 민주제, 인간 노동력이 없는 인간기계 ___ 69

    기계화의 선구자들 ___ 71

    이번 장을 마무리하며 ___ 71

II. 테크-애니미즘과 과학기술시대의 소통 방식 ___ 74

    비인간 캐릭터의 애니미즘적 존재 방식:
                〈3,000년의 기다림〉의 Djinn을 중심으로 ___ 92

    SF와 애니미즘 ___ 97

III. 신유물론과 경계 무력화 ___ 102

    사유와 실천으로서 신유물론 ___ 103

    근대에서 벗어나기, 문명사적 전환기와
                생태 위기에 답하는 신유물론 ___ 104

    신유물론의 근저를 이루는 사상적 토대 ___ 105

고대 유물론 ___ 106

우주 SF〈평행우주〉에 나타난 무한우주, 다중우주, 평행우주 ___ 108

고대 유물론과 생기적 신유물론 ___ 112

근대 유물론 ___ 113

신유물론 ___ 119

기관 없는 신체와 경계의 무력화 ___ 121

신유물론: 경계의 무력화 방식 ___ 123

도나 해러웨이의 기술관과 경계의 무력화 ___ 125

브루스 매즐리시(Bruce Mazlish),『네 번째 불연속』___ 126

생기적 신유물론 ___ 133

생기적 유물론 비판 ___ 135

부정적 신유물론(Negative New Materialism),
         사변적 리얼리즘, 객체지향 존재론 ___ 136

수행적 신유물론(Performative New Materialism) ___ 138

대표적 신유물론자들의 이론과 실천 ___ 139

신유물론의 선구자, 브루노 라투르, 행위자 네트워크 이론 ___ 140

스테이시 앨러이모, 횡단 신체성 ___ 142

로지 브라이도티의 공구성론, 자연-문화 연속체 ___ 144

캐런 바라드와 신유물론 ___ 146

신유물론과 양자역학 ___ 147

신유물론과 닐스 보어의 상보성 원리 ___ 149

캐런 바라드의 신유물론과 양자역학 ___ 150

바라드의 행위적 실재론 ___ 152

만들어지는 몸, 현상 ___ 155

회절과 윤리 ___ 158

시간과 공간의 물질화, 시공간물질 ___ 159

퀴어와 존재론적 비결정성 ___ 160

〈독수리자리 너머〉에 나타난 무한우주:
　　　　　　　인간성과 물질성의 내부 작용 ___ 164

물질성과 인간성의 상호관계성 ___ 168

〈독수리자리 너머〉에 나타난 경계의 무력화 방식 ___ 171

IV. SF 미학과 SF 서사 ___ 184

    전체로서의 세계관과 우주 SF ___ 185

    주요 철학자들의 우주론 ___ 187

    신유물론과 우주론 ___ 189

    논리적 우주와 물리적 우주 ___ 191

    〈평행우주〉와 다중우주론 ___ 194

    SF 미학: 매체 전환과 테크네 장르 ___ 199

    SF 미학: 시뮬라크르 존재론 ___ 205

    SF 미학: 물질성 ↔ 예술성 ↔ 인간성 ___ 211

    신유물론과 물질적 전회 ___ 212

    물질적 전회와 신유물론 시대의 공부법 ___ 217

맺음말 ___ 222

참고문헌 ___ 225

머리말

『신유물론과 SF 미학』은 과학기술시대의 사유와 문예를 논하는 데 있어서, 물질과 비물질을 종합하는 연구방법론으로 재물질화 시대의 인간 고유성을 타진한다. 이 글은 과학기술시대의 대표적 사유를 신유물론으로 규정하고, 과학기술시대의 대표적 문예를 SF로 규명하여, 과학기술시대의 사유와 문예를 분석적 방법론이 아닌 종합적 방법론으로 고찰한다. 신유물론이 제기하는 근본적인 질문은 '인류는 어쩌다 과학을 믿게 되었는가'다. 이 글은 신유물론의 주요 이론을 정리하기 이전에 신유물론의 근원에서부터 논의를 시작한다. 이 글에서 기계적 시스템에 대한 상상력, 예술적 상징의 근원, 기계의 신화가 사회 기계로 구축되는 과정을 연결하고 종합하는 논의는 과학기술시대의 인간 고유성으로 귀결된다.

인류는 40억 년 진화의 산물이다. 인류는 정신과 언어의 발명으로 '언어적 전회'(Linguistic Turn)가 가져온 문명을 누렸고 최근 인류는 '물질적 전회'(Material Turn)라는 다른 차원의 문명에 진입하고 있다. 이 글은 언어적 전회에서 물질적 전회를 목도하는 시기에 인류 진화를 개괄하면서 양자역학과 인공일반지능과 같은 과학기술시대에 사물의 본성과 무관하지 않은 인간의 본성을 처음부터 되짚어 본다.

인류가 오랜 진화 과정에서 축적해 온 존재론(Ontology)과 인식론(Epistemology)에 획기적 전환을 가져올 새로운 차원의 비인간(non-human characters, non-human agents)에 관한 관심이 최근 급부상하고 있다. 비인간에 관한 관심은 애니미즘, 의례, 신화, 종교, 생태학, 윤리학, 테크네, 우주, 자연에 대한 오랜 관념을 존재의 무대에 다시 올려놓았다. 이러한 사회적 배경(social backgrounds)에서 인간과 비인간(인간과 기술, 인간과 자연, 인간과 동물, 인간과 세계, 인간과 우주 등)의 관계성을 처음부터 살펴보는 공부의 필요성이 제기되고 있다.

가부장제와 페미니즘, 정주민과 이주민, 식민지와 피식민지, 부르주아와 프롤레타리아 등 인간과 인간 사이의 이원론적 갈등이 근대 담론의 주류였다. 최근 인공지능, 양자물리학적 세계관, 다중우주와 다중 세계관을 포함한 과학기술적 담론이 인문학의 중심에 들어서면서, 있을 법한 다양한 존재자들의 경계와 위계에 대한 의문이 제기되고 그들의 관계성을 재조명하고 재구성해야 할 필요성 또한 요청되고 있다.

다양한 비인간 존재자들이 발굴되거나 발명되거나 재조명되는 과학기술시대에 인간 본성에 대한 연구는 사물의 본성과 필연적으로 연계될 수밖에 없다. 인간과 인간, 인간과 사물, 인간과 비인간, 그리고 비인간과 비인간 사이 경계의 무력화와 재구성 방식, 이들의 내부 작용 방식과 관계성은 과학기술시대의 사유와 문예 그리고 존재 방식을 논의하는 데 있어서 중요한 연구방법론이다.

이 글은 원시 인류가 자연과 어떻게 관계를 맺고 상호작용했는지를 살펴보는 데서 시작한다. 즉, 인간과 자연의 공생과 공진화를 인간의 본성과 사물의 본성을 연계해서 설명한다. 그리고 원시사회와 고대사회에서부터 최근에 이르기까지 인간과 자연의 상호작용 방식을 의례

(ritual, 제의) → 신화 → 종교 → 과학에 이르는 가치와 신념을 변화의 관점에서 설명한다. 또한, 제의적이며 신화적인 '관념의 의인화'에서부터 시작해 근대의 이성주의와 이원론, 최근 인공지능시대의 인간과 비인간의 경계를 무력화하는 방식에 이르기까지 물질세계에서 물질로 살아가는 인간 삶의 방식을 개관해 인간의 본성에 다가간다. 이러한 시도는 인간과 비인간이 함께하는 세계에 대한 이해일 것이다. 『신유물론과 SF 미학』은 인간의 본성과 사물의 본성이 서로 분리된 그 뭔가가 아니라, 인간의 본성과 사물의 본성을 동일 지평에서 사유해 인간과 세계의 본질적 통일성에 다가간다.

인간의 본성과 사물의 본성을 연계해 인간과 기술의 변화 과정을 재검토하는 이유는 현 인류가 신체적 안전, 정서적 안정, 지속 가능한 미래를 희생하면서까지 막대한 예산과 열정으로 과학기술에 몰입하게 된 현상에 대한 단서를 찾기 위해서다. 『신유물론과 SF 미학』은 인류가 어쩌다 자신보다 과학을 더 믿게 되었는지에 대한 근원을 찾아가는 여정이다. 이 과정은 '인간중심주의'도 아니고 '기술지상주의'도 아니다. 인류가 맞이하게 된 과학기술이 가져온 물질적 전회는 '인간으로부터 도피' 또는 '물질을 향한 도피'가 아닐 것이다. 이 글은 인류 문명이 변화와 진화의 양태를 갖춰나가는 과정에서 반복적, 유기적, 관계적, 기계적 표준화 시스템이 처음부터 인간성과 함께 했다는 근거를 제시한다. 인간 고유성과 인간 생존법에 대한 논의는 오래된 이야기이며 단 한 번도 멈춘 적이 없다. 하지만 인간지능을 넘어서는 인공지능이 본격적으로 부상하고 특이점(Singularity)을 논의하는 인공지능 상상계(The AI Imaginary)에서 인간 고유성에 대한 논의가 이보다 더 절실했던 적은 없었다.[1]

---

1 상상계(The Imaginary)는 자크 라캉(Jacques Lacan)이 학계에 등단시킨 개념으로 정신분석학

이 글은 발명, 표준화, 기계 시스템의 연원을 찾는 데 있어서 미국의 기술철학자 루이스 멈포드(Lewis Mumford)의 『기계 신화: 기술과 인류의 발달』(The Myth of the Machine: Technics and Human Development), 루크레티우스(Lucretius)의 클리나멘(Clinamen), 제임스 프레이저(James Frazer)의 제의에서 과학으로의 진화론적 관점, 에드워드 버넷 타일러(Edward Burnett Tylor)의 애니미즘적 세계관, 질 들뢰즈(Gilles Deleuze)의 '기관 없는 신체'(Body without Organs), 카렌 바라드(Karen Barad)를 포함한 신유물론자들의 신유물론 저작을 정리하고 종합해 인간의 본성과 사물의 본성을 동일 지평에서 고찰한다.

제 연구의 주요 텍스트는 현대 영미희곡입니다. 저는 동시대의 고민을 다룬 극작품들을 국내에 소개하고, 그 의미를 다학제적 이론과 담론으로 종합하는 연구를 하고 있습니다. 연구 방법론에 있어서는 우리 시대의 문제적 사태를 현실에 깊이 천착한 인문학적 시각에서 분석하고, 문학적 표상을 통해 대안을 모색하는 실천적 프로젝트를 수행하고 있습니다.

이러한 문제의식은 자연스럽게 고전 그리스 문학과 철학으로까지 확장되었습니다. 이제는 사유의 근원으로 돌아가 다시 들여다보는 일이 저의 주요한 연구 방법이 되었습니다. 저의 연구는 폭넓은 스펙트럼에서

적인 것으로 시작하였다. 찰스 테일러(Charles Taylor)가 처음 사용한 사회적 상상계는 상식적인 행동을 가능하게 하는 상식적 이해력이자 상당수가 타당하다고 믿는 사회적 배경이며 동시대의 지적 매트릭스(intellectual matrix)이다. 테일러는 사회적 상상계란 이론이나 이데올로기가 아니라 공동체적 관습과 폭넓게 공유된 그들의 정통성을 만드는 함축적인 배경이라고 주장했다. 아르준 아파두라이(Arjun Appadurai)는 '전지구적 문화 과정에서 중요하면서도 새로운 것으로 우리를 인도해 주는 것'이라며 사회적 토대를 사회적 상상계라고 명명했다. Charles Taylor, *Modern Social Imaginaries*, Arjun Appadurai, *Modernity at Large*, Jacques Lacan, *Écrits* 참조.

진행되고 있지만, 단 하나의 주제어를 꼽는다면 그것은 '사회적 상상계(the social imaginary)'입니다. 저는 이미 우리 사회가 '인공지능 상상계'로 진입했다고 생각합니다. 인공지능 상상계를 담지하는 텍스트는 바로 SF이며, 그 관련 담론을 근본부터 다시 탐구할 필요성을 느껴왔습니다. 이 책에서는 그러한 문제의식을 바탕으로, 신유물론적 사유와 존재론을 통해 과학기술시대의 물질적 전회와 인공지능 상상계를 타진합니다.

이번 연구는 동국대학교 WISE캠퍼스 저서출판지원사업에 선정됨으로써 가능했습니다. 근원으로부터 출발해 동시대성을 포괄해야 하는 방대한 작업을 수행할 수 있었던 소중한 기회였습니다. 짧지 않은 공부의 여정에서 한 장을 정리할 수 있도록 기회를 주신 분들께 감사드립니다. 출판의 전 과정을 세심하게 지원해주신 동국대학교 출판문화원 박기련 대표와 꼼꼼한 편집과 교정을 맡아주신 김정은 선생님에게 감사의 마음을 전합니다.

2025년 11월

홍은숙

I

원시 연결성과 기계의 신화

인간과 세계의 연결성

인류는 정도의 차이는 있지만 원시 인류에서부터 언제 어디서나 연결되어 살아왔다. 여기서 연결은 개인적 차원의 '정신과 신체의 연결' 그리고 사회적 차원의 '인간과 인간의 연결'에 한정하지 않고 '인간과 세계의 연결'이라는 전일적 세계관을 의미한다. 도구, 기술, 과학은 인류의 시작에서부터 인간의 삶 전반에 영향을 미쳤고 물질세계뿐만 아니라 정신세계에도 변화를 불러왔다. 연결성 측면에서 인류 진화 과정을 개괄하자면 기술혁명은 네트워크 혁명으로 이어졌고 물질혁명은 정신혁명으로 이어졌다.

기술혁명(technical revolution) ⇨ 네트워크 혁명(network revolution)
물질혁명(material revolution) ⇨ 정신혁명(spiritual revolution)

거듭되는 기술혁명은 연결성을 강화했고 물질은 정신과 연결된다. 물질과 정신의 연결은 4차 산업혁명시대의 사물인터넷(IoT, Internet of Things)에만 해당하는 설명이 아니다. 기술과 물질이 연결성을 강화하고 정신을 고양했다는 것은 역사적 사실이다. 인간의 그 어떤 노력도 연결성을 지양한 적은 없었다. 기술이 발전할수록 연결성이 강화되었다는 데 이견은 없겠지만 정신적 차원에서 '반드시 그렇다'라고 말할 수 있을지 의문이 있다. 연결성 차원에서 인간 문명의 진화 과정을 좀 더 들여다봐야 할 필요성이 바로 여기에 있다.

정신 네트워크의 중요성에 대한 한 실례를 들자면 셰익스피어 글로브 극장(Shakespeare's Globe, the Globe Theatre)의 소품과 엘리자베스 시대의 건축술은 '백인 여성 데스데모나(Desdemona)를 사랑한 무어인 오셀로(Othello)의 필연적 몰락'의 의미를 나타내지 못한다. 셰익스피어의 비극은 당대 물질문명과 정신 네트워크의 표상이다.

정신 네트워크의 중요성에 대한 또 다른 실례로 일연의 『삼국유사』는 단순히 신라의 역사적 사건과 신화를 기록한 문헌이 아니라 당대 물질문명과 정신 네트워크가 상호작용하며 형성된 세계관의 집합체다. 『삼국유사』에 담긴 이야기들을 특정 유적이나 유물과 같은 물질적 증거로만 해석한다면 그 이면에 담긴 정신적 세계관과 문화적 가치의 깊이를 온전히 이해하기 어렵다. 예를 들어, 『삼국유사』 권5 감통편(感通篇)의 '선도성모수희불사'(仙桃聖母隨喜佛事)는 신라 건국 신화와 연계된 중요한 이야기로 물질적 공간인 선도산과 정신적 상징인 신령의 보호, 그리고 신라 민족의 기원을 연결한다. 『삼국유사』는 신라가 구축한 물질적 기반과 정신적 가치의 연결성을 탐구하는 데 중요한 자료가 된다. 물질혁명 시대에 정신혁명의 가능성을 찾는 것은 물질과 정신의 이원론적 유혹에 빠져 놓쳐버린 물질과 정신의 연결성을 되살리는 공부다.

연결성 측면에서 인류는 수렵채취사회의 원시 연결성 → 농경사회의 전근대 연결성 → 산업사회의 근대 연결성 → 인공지능시대의 초연결성(3H: 초연결·초지능·초산업사회)에 이르기까지 연결성의 궤도를 다채롭게 경험하고 있다. 원시 연결사회에서 자연과 인간이 연결되었다. 근대 연결사회는 교통과 통신기술의 발달로 지구촌 곳곳이 연결되어 세계화가 실현되었지만 생산성 확대를 위한 단일 중심과 피라미드 위계질서로 인해 관계의 종 다양성과 종 연결성은 와해되었다. 근대 연결사회는 기술 혁명이 세계화와 같은 물리적 차원의 네트워크 혁명을 가져왔지만 정신 네트워크로의 이행을 가져다주지는 못했다. 즉, 물질혁명이 만족할 만한 정신혁명을 가져다주지는 못한 것이다. 기술 문명이 가져온 근대 연결성은 '물질과 정신의 연결성'과 '인간과 자연의 연결성'을 실현하지 못했다. 근대 연결사회의 위계와 경계에 따른 차별과 불평등은 물질문명의 풍부함과 기술 문명의 네트워크 가능성을 무색하게 했고 다양한 존재자들 사이의 내부 작용을 가로막았다.

  그렇다고 해서 인공지능시대의 초연결사회가 근대 연결사회의 문제점을 해결하고 원시 연결사회의 인간과 자연의 소통 방식을 회복했다고 단정적으로 말할 수는 없다. 초연결사회는 근대 연결사회가 쌓아온 경계들을 무력화해 새로운 내부 작용의 가능성을 타진하고 있다고 할 수 있지만 그 가능성의 실현은 우리가 온전히 새로 만들어가야 할 세계일 것이다. 그렇다면 초연결사회가 회복해야 할 원시 연결성을 담지한 초연결성은 어떤 것인지 살펴볼 필요가 있다.

  원시사회는 정신의 네트워크 차원에서 '원시 연결사회'였다. 원시 종교는 샤머니즘적 애니미즘(animism)이며 만물에는 정령이 깃들어 있었고 원시인은 자연(세계)과 소통했다. 원시 연결사회에서는 노동이 부의 척도가 아니라 여가(가처분 시간)가 부의 척도였다.[2] 원시 연결사회에서는 제반 관계를 통해 공동체를 궁핍하지 않게 하는 정신의 네트워크가 실행되었다. 즉, 물질과 정신의 연결성이 실현된 것으로 물질과 정신의

---

2 Marx, Karl. *Grundrisse*, Vintage Books, 1973. p. 708.

분리 불가능성이 실현된 세계라고 할 수 있다. 물론 그 과정에는 근대의 이성과 합리로는 쉽게 받아들일 수 없는 시행착오, 토템과 터부, 엄격한 의례가 있었다.

원시 연결성은 원시 인류의 '물질과 비물질' 그리고 '물질적인 것과 비물질적인 것'(정신적/상징적인 것)의 동시 존재성으로 설명할 수 있다. 인간에게 의례, 미술, 시, 극, 음악, 춤, 철학, 과학, 신화, 종교는 본질적인 것이다. 인간의 본성은 이런 물질과 비물질의 종합에 있다. 이번 장에서는 물질적 변화가 인간성을 바꿔온 흔적을 찾아보고 동시에 그 반대의 흔적도 찾아본다.

인류만 자연을 변형하고 정복한 것이 아니라 자연도 인간을 변형시켜 온 사례는 많다. 원시 인류에서 자연과 인간은 상호작용하는 관계였다. 인간 삶의 궤적으로 봤을 때 인간은 자신을 포함한 유기적 생활환경(자연)을 변화시켜 왔다. 문학의 궁극적 지향점인 자기변형, 자기인식, 자기발견도 이러한 차원에서 이해될 수 있다.

인간 본성과 자기발견

문학은 무엇인가? 문학은 인간의 자기발견(자기이해·자기변형)의 '서사'다. 기술은 무엇인가? 기술은 인간의 자기이해, 자기변형, 자기발견의 '매체'다. 처음부터 인류와 함께한 기술은 신체-외재화에서 신체-밀착화를 거쳐 최근 신체-내재화의 길을 걷고 있다. 뉴럴링크(Neuralink)의 뇌-기계 인터페이스(BMI, Brain-Machine Interface) 기술과 구글 글래스(Google Glass)의 웨어러블 증강현실 디바이스(Wearable Augmented Reality(AR) Device)에서 보듯이 과학기술이 인간의 몸에 내재화되었다는 것은 인간과 기술이 동시 존재성을 갖고 있음을 보여주는 대표적 실례다. 인간의 자기이해와 발견 그리고 변형은 원시 인류에서부터 최근에 이르기까지 지속적으로 시행되고 있다. 즉, 인간의 자기이해와 변형 그리고 자기발견은 인간 고유성 차원에서 접근될 수 있다. 기술이라는 비인간 존재의 존재론이 최근 인문학 담론에서 부상하는 이유도 바로 여기에 있으며 원시 인류에게 나타난 인간 고유성을 먼저 살펴봐야 할 이유도 여기에 있다.

인간성과 물질성

원시 인류에서부터 기술의 발명과 기계 시스템의 도입은 천천히 꾸준히 이루어졌다. 그러나 산업혁명 이후 기계가 대량 보급되고 최근에는 인간의 언어를 구사하고 생각하는 기계가 등장하면서, 인간의 한계와 기술의 가능성에 관한 전통적 관념을 재고해야 할 사회 환경이 조성되었다. 인간이 기술을 발명하면서 인간의 시스템과 기계의 시스템이 서로에게 어떤 작용을 하는지를 살펴보면 인간성(인간의 본성)과 물질성(사물의 본성)을 이해하는 데 도움이 된다. 물론 이 글은 인간성과 물질성을 분리된 개념으로 인식하지 않는다.

플라톤(Plato)은 인간의 출현을 '불'을 가져다준 프로메테우스(Prometheus), 올림포스 신 중 유일하게 육체 '노동'을 하는 헤파이스토스(Hephaistus), '음악'을 하는 마르시아스(Marsyas)와 오르페우스(Orpheus)에서 찾았다.[3] 플라톤이 주장한 세 가지 인간성 출현의 징표는 생활에 필요한 도구를 발명하고 효율적으로 사용하는 것이 인간의 본성이

---
[3] 루이스 멈포드, 『기계의 신화』, 김한영(역), 민음사, p. 13.

아님을 보여준다. 즉, 인간의 고유성이 도구에서 비롯된 것이 아니라 다른 어떤 것에 있음을 시사한다. 도구를 사용하는 인간이 인간을 대표하는 속성이 아니라는 것이다.

인류의 출현을 나타내는 세 가지 징표인 '불(도구)+노동(몸)=상징(예술)'은 '연결성의 공식'을 완성한다. 플라톤의 징표인 불, 노동, 예술은 각각 분리된 어떤 것이 아니라 물질적인 것과 비물질적인 것의 복합체라고 할 수 있다. 플라톤에게 인간의 고유성은 물질적 기술+육체적 노동+상징적 예술의 '종합'에 있다. 인류 진화 과정에서 인간성과 물질성은 '연결성'의 관점에서 고찰될 수 있다.

수렵채취사회의 원시 연결성
⇩
농경사회의 전근대 연결성
⇩
산업사회의 근대 연결성
⇩
인공지능시대의 초연결성

원시 연결성

원시 연결성의 수렵채취사회는 생존을 위해 궁핍을 강조하는 사회가 아니었다. 수렵채취민은 성공적으로 자연에 적응했고 영양 상태도 양호했고 충분한 여가를 누렸고 신앙과 사회조직을 갖추었고 신석기라는 자연을 통제하는 인류 최초의 물질혁명을 이루었다.[4] 구석기인들은 하루 몇 시간만 사냥과 채집 활동에 집중했고 나머지 시간에는 휴식, 의례, 공동체 활동을 한 것으로 추론할 수 있다. 이는 인류학자 마셜 살린스(Marshall Sahlins)의 '원시풍요사회'(The Original Affluent Society) 이론과도 맞닿아 있다. 살린스는 수렵채집인이 결핍 속에서 얼빠지게 하는 노동을 견디며 생존해야 했던 '가난한 사회'라는 통념에 이의를 제기한다. 살린스는 이들이 '최초의 풍요로운 사회'였다고 주장한다. 원시 연결성이 실현되는 사회에서 진정한 풍요는 욕망의 무한한 충족이 아니라 욕망의 절제를 통해 쉽게 충족될 수 있는 것이다.

티모시 잉골드(Tim Ingold)에게 삶은 '그물망'(meshwork)이다. 존재는 '얽히고설킨 실의 흐름들'로 이루어진 그물망이고 삶은 고정된 정체성이나 분리된 개체들의 집합이 아니라 끊임없이 관계 속에 생성되는 흐름이다. 잉골드의 '연결된 삶의 방식'은 인간 존재와 환경, 사물, 비인간 존재들 간의 관계성과 상호작용성을 강조하는 독특한 인류학적 시각이다. 원시 연결사회는 개체 간 독립성보다 관계성을 중심으로 조직되며 잉골드의 '그물망적 존재론'과 비교될 수 있다.

수렵채취사회가 이룩한 신석기 혁명이라는 물질혁명은 수렵채취민의 정신에도 영향을 미쳐 정신혁명으로 이어진다. 수렵채취사회는 수렵채취민들 사이의 인간관계를 통해 사회공동체를 궁핍하지 않게 하는 '풍요'를 누려왔다. 여기서 풍요는 자연과 조화롭게 공존하며 부족하지 않을 만큼의 자원을 확보하고 강한 공동체적 유대를 통해 사회적·정신적 안정과 조화를 누리는 상태를 의미한다. 이는 현대 사회에서의 경제적 성장이나 물질적 소비와는 본질적으로 다른 관계적·정신적·공동체적 풍요다. 이러한 풍요는 원시 연결사회의 질서를 토대로 비로소 가능했다.

---

[4] Gordon Childe, *Man Makes Himself*, Paladin, 2013, p. 104.

원시 연결사회는 원시인들의 인간관계를 형성한 '정신의 네트워크'였다.

학자	개념	설명
마셜 살린스[5]	원시풍요사회	수렵채취민들은 필요한 자원을 적절히 확보하며 오히려 여유롭고 풍요로운 삶을 살았다고 주장
티모시 잉골드[6]	연결된 삶의 방식	인간은 자연·기술·타인과 끊임없이 연결되어 살아가며 이는 지식과 정신세계의 풍요로 이어짐

비어 고든 차일드(V. Gordon Childe)는 '신석기 혁명'(Neolithic Revolution)이라는 용어를 만들어 인류가 자연을 받아들이기만 하던 시대에서 곡물 경작, 가축 사육 등 자연을 조작하는 존재로 전환했음을 『인간은 자신을 만든다』(Man Makes Himself)에서 설명한다.[7] 차일드가 제시한 인류의 세 가지 전환인 신석기 혁명, 도시혁명, 산업혁명 중 첫 번째 전환인 신석기 혁명을 경제적 혁명, 문화적 혁명, 정치적 혁명으로 보았다. 물질혁명으로서의 신석기 혁명은 국가, 계급, 도시, 문명의 출현을 가능하게 만든 결정적 전환점이었다. 인류학자 마셜 살린스는 신석기 혁명이 풍요를 보장하지 않았으며 노동 강도 증가, 피라미드식 계층화, 질병 확산 등의 문제도 동반했다고 지적한다.

농업혁명과 농경사회로 대표되는 전근대 연결사회는 농업 이상의 어떤 것에 의해 작동되는 시스템이었다. '전근대 연결성'의 농경사회라

---

[5] Marshall Sahlins, *Stone Age Economics*, Aldine-Atherton, 1972.
[6] Tim Ingold, *The Perception of the Environment: Essays on Livelihood, Dwelling and Skill*, Routledge, 2000.
[7] Gordon Childe, *Man Makes Himself*, Dover Publications, 1951.

는 물질의 네트워크는 BC 10000년경에 일어난 농업혁명이 아니라 BC 3000년경 '고대국가의 등장'에 의해 형성되었다.[8] 농업 생산은 태양을 중심으로 이루어지며 태양을 숭배의 대상으로 격상시키면서 초월적인 유일 지배 원리를 사고할 수 있도록 만들었다. 농업은 생산과 물질의 어떤 것에 한정되는 것이 아니라 '비물질적 가치'를 품고 있었다. 태양 숭배와 초월적 존재와 같은 '일자의 지배 원리'는 전제군주, 신, 종교에만 한정되지 않고 '보편적 일자'를 추구하게 된다.

'보편적 일자의 추구'는 '과학혁명'을 낳았다. 이런 점에서 과학혁명은 또 다른 농업혁명이었다. 신의 대리인(전제군주)과 다르게 과학의 대리인은 인간이었다. 보편적이지 않은 전제군주, 봉건영주, 교황 등을 밀어내는 것은 근대 혁명, 르네상스 혁명, 종교혁명, 시민혁명(명예혁명, 프랑스 혁명, 미국 독립혁명)이라는 '네트워크 혁명'이었다.

근대 연결성

'근대 연결성'은 물질적 측면에서 혁혁한 발전을 이룩하였지만, 정신적·공동체적 측면에서는 오히려 후퇴하였다. 생산성 확대를 내세운 근대연결사회는 불평등, 장벽, 위계, 가난을 초래하여 '공통적인 것'(the common)의 형태를 파괴하고 인간 삶의 제반 관계를 와해시켰다.[9]

---

8 루이스 멈포드, op. cit., pp. 313-315.
9 '공통적인 것'(the common)은 사적 영역과 공적 영역 너머를 지향한다. 공통적인 것은 존재 영역 너머 네트워크(연결성)의 형성을 통해 만들어지는 것으로, 공동체의 인간관계 등이 있다. 공적 메커니즘과 사적 메커니즘은 생태적 재난, 불평등, 장벽과 위계들, 공통적인 것의 형태를 부수고 있다. 우리들이 안고 있는 이러한 문제를 공통적인 것, 즉 공통의 문제로 만드는 것 또한 공통적인 것에 해당한다. 공통적인 것(소통 네트워크, 문화적 회로)은 자유로운 접근이 가능한 탈중심화된 네트워크로 가능하다. 공통적인 것의 회복은 개인과 사회,

특히, 근대연결사회는 대량생산과 대량소비의 네트워크라는 물질적 특징에 집중한 나머지 진정한 '인간과 인간' 그리고 '비인간 타자(자연, 도구 등)와 인간'의 관계 맺기에 실패했다. 근대연결사회는 교통수단과 디지털 산업을 바탕으로 경제적 성과를 달성했음에도 불구하고, 이 과정에서 발생한 인간 소외는 삶의 질과 행복 수준 향상을 가져오지 못했다. 더욱이, 비인간 타자와의 연결성 훼손은 기후 생태적 재난을 낳았다. 결과적으로 근대 산업사회의 연결성은 인간 삶을 글로벌 물류망에 포섭시키고 지구를 얽히고설킨 공장으로 만들었다. 근대 연결성의 시장 메커니즘은 공동체를 궁핍하지 않게 하는 정신 네트워크를 형성하기에는 역부족이었다.

초연결성

초연결사회가 추구하는 '초연결성'(hyper-connectivity)[10]은 공학적으로는 기술혁명(4차 산업혁명), 사회적으로는 네트워크혁명, 인문학적으로는 정신혁명으로 완성된다. 공학적 의미에서 초연결성은 사회 네트워크가 인간과 인간의 관계를 넘어, 인공지능(AI)과 사물인터넷(IoT)을 통해 사물 자체가 네트워크의 주요 행위자로 편입되는 것을 의미한다. 인문학적 의미에서 초연결성은 인간과 사물, 주체와 객체의 인간(주체)중심적(anthropocentric) 세계관을 넘어, 인간과 사물이 연결되는 포스트 휴먼의 비이원론적 세계로의 전환을 지향한다.

사적인 것과 공적인 것 사이의 낡고 오래된 분할을 제거하는 시스템으로 정착시켜야 한다.(Hardt & Negri, *Multitude*, Penguin Press, 2004, p. 204.).
10 초연결성은 상시연결성(always on), 접근 가능성(readily accessible), 상호작용(interactive)을 특징으로 한다.

The posthuman subject is a transversal entity, fully immersed in and immanent to a network of relations.[11]

포스트휴먼적 주체는 횡단적 존재로서 관계의 네트워크 속에 완전히 몰입해 있으며 그 안에 내재한다.

로지 브라이도티(Rosi Braidotti)의 비이원론적 포스트휴먼은 다양한 정체성과 층위를 가로지르며 형성되는 주체다. 초연결사회 이전의 연결사회는 근대 국가의 연결사회다. 따라서 사회과학적 의미의 초연결성은 근대 국가의 연결사회를 넘어서는 사회적 네트워크다. 인류는 언제 어디서나 연결되어 살아왔으며 물질과 비물질은 분리된 어떤 것이 아니었고 기술혁명은 연결성을 가져왔고 물질은 정신에도 영향을 미치고 물질과 정신은 하나의 어떤 것이다. 이를 다시 종합하면 다음과 같다.

기술혁명(technical revolution) ⇨ 네트워크 혁명(network revolution)
물질혁명(material revolution) ⇨ 정신혁명(spiritual revolution)

생물학적 뇌와 정신의 연결성

연결성을 인간의 생물학적 뇌+정신=문화의 관점에서 살펴보면 이들 사이에서 유사성을 발견할 수 있다. 인간의 몸은 단순히 노동하는 몸이 아니라 정신과 신체가 결합한 심신상관으로 이해될 수 있다. 인류는

---
11 Rosi Braidotti, *The Posthuman*, Polity Press, 2013, p. 99.

타고난 정신-신체-의학적 특징으로 유연성과 감수성을 갖추었다. 너무 발달해 쉴 새 없이 활동하는 뇌 덕분에 인간은 하루에도 '오만(50,000) 생각'을 다하고 동물 수준으로 사는 데 필요한 이상의 많은 정신 에너지를 끌어낼 수 있다. 몸에서 나오는 정신 에너지는 먹이활동과 생식활동을 넘어서는 다른 어떤 것으로 배출되고 표출된다.

인류는 정신 에너지를 마르시아스(Marsyas)와 오르페우스(Orpheus)처럼 문화적, 상징적 형태로 전환했다. 인류는 문화적 배출구를 창조함으로써 인간의 본성을 끌어내고 통제하며 활용할 수 있었다.[12] 인간의 본성은 몸과 정신이 합쳐진 문화적 표상인 상징적 활동에서 찾아볼 수 있다. 정신 에너지는 문화적 배출구를 창조해 인간성을 풍요롭게 한다. 이러한 비물질적 정신과 문화 덕분에 인류는 마침내 원시성을 넘어선다. 초기 인류에게 인간의 본성은 도구가 아니라 몸 안의 뇌, 신경, 유연성, 감수성, 정신의 작용에서 찾아볼 수 있다. 이러한 본성으로 인간이라는 생물학적 존재는 생물학적 한계를 넘어선다. 인간은 자신의 본성으로 자신의 본성적 한계를 넘어선다. 인간 고유성은 바로 여기에 있다.

기계의 신화

인류는 정신적, 상징적 발명을 통해 자신과 자연을 통제하고 유기적, 기계적 시스템을 갖추어 나간다. 이때부터 '기계의 신화'가 시작된다. 즉, 인간의 자기발견, 자기변형에서부터 기계적 시스템이 도입된다. 유기적이고 기계적인 시스템의 발명은 인간의 본성과 무관하지 않다. 기계의 신화는 내재적 세계관으로 설명될 수 있다.

---

[12] 루이스 멈포드, op. cit., p. 16.

인간은 불안한 미래에 관한 감정을 공동 의례, 질서정연한 춤, 염원을 담은 그림과 주술로 표현했다. 의례와 춤, 그림을 위한 상징적 작업에 최초의 도구가 사용되었다. 몇 가지 예를 들면 인간 정신의 산물인 '시신 매장'은 무덤을 파는 도구보다 인간성에 대해 더 많은 이야기를 한다. '땅을 파서 무덤을 만드는 도구'는 '시신을 매장하는 의례'에서 비롯되었다. 도구와 의례는 인간 정신의 상징이다. 도구와 의례의 관계에서 인간의 본성을 알 수 있다. '의례적 질서'는 '인간의 법칙'이 된다. 이로써 사회 시스템이 기계적 질서를 갖추게 된다. 이때부터 '사회 기계'의 원형적 모습이 드러나기 시작한다. 인간의 사회적 시스템이 기계의 신화를 갖게 되는 순간이다. 이때의 기계는 눈에 보이지 않는 기계이며 유기적 시스템이다. 여기서 기계는 고철 덩어리일 필요는 없다.

놀이와 기계 신화

의례적 질서, 사회 시스템, 사회 기계, 기계 시스템은 인간 본성과 무관하지 않으며 기계 신화로서의 서사를 갖춘 비물질적인 어떤 것이다. 하위징아(J. Huizinga)의 『호모 루덴스』(Homo Ludens)는 놀이가 인류 문화의 형성 요소라고 한다. 호모 루덴스의 가장 진지한 활동은 '~ 체하기'에 속하는 상징적 활동이다. 인류는 놀이에서 생활의 모든 기능이 인간적 스타일로 '재양식화된 모형 환경'과 '상징적 공간'을 창조한다. 놀이는 의례이며 일상 활동이며 예술 행위다. 놀이는 또 다른 차원으로 진입하는 '시뮬레이션'(simulation) 세계를 구현한다. '노동하는 인간' 호모 파베르(Homo Faber)보다 놀이하는 호모 루덴스적 삶의 형태가 인간 고유성에 부합한다.

The player steps out of real life into a temporary sphere of activity with a disposition all of its own.[13]

놀이는 현실의 삶에서 벗어나 그 자체의 독자적인 성격을 지닌 일시적인 활동 영역으로 들어가는 것이다.

놀이는 현실 세계로부터 분리된 '마법적 원'(magic circle) 안에서 진행된다. 이 마법적 원은 현실과 구별되는 일시적이며 자율적인 '질서의 공간'으로 그 안에서 놀이는 고차원적인 시뮬레이션으로 작동한다. 이 공간에서 호모 루덴스는 단순한 참여자를 넘어 상징적 존재로 기능하며 문화적 놀이라는 고유한 질서를 만든다.

이때의 질서는 현실 세계의 규범을 잠시 유보한 채 놀이 고유의 규칙과 질서가 자율적으로 형성되고 적용된다. 즉, 놀이는 질서 생성의 공간인 것이다. 나아가 놀이는 유희 활동에 그치지 않고 기계적 상상력과 연계된다. 놀이도 인간의 기계 신화 만들기에 동참한다.

The arena, the card-table, the magic circle, the temple, the stage, the screen, the tennis court, the court of justice, etc. are all in form and function play-grounds, i.e., forbidden spots, isolated, hedged round, hallowed, within which special rules obtain.[14]

경기장, 카드 테이블, 마법적 원, 사원, 무대, 스크린, 테니스 코트, 법정

---

[13] Johan Huizinga, *Homo Ludens: A Study of the Play-Element in Culture*, Beacon Press, 1955. p. 8.
[14] Ibid., p. 10.

등은 모두 형태와 기능 면에서 놀이터다. 즉, 이들은 금지된 장소이며 고립되고 울타리로 둘러싸여 있으며 신성시되는 공간으로 그 안에서는 특별한 규칙이 작동한다.

언어와 기계 신화

인류의 유기적 시스템과 발명의 역사는 정신과 말에서 시작된다고 해도 과언이 아니다. 인간은 태어나면서부터 정신적 활동을 하거나 말을 하지 않는다. 정신과 말은 인간의 발명품이다. 발명품이 인간에게 본질적 변화를 초래하여, 도리어 발명품이 인간의 본성이 된다. 정신과 말은 물질적 인간의 몸이 갈고 닦은 결정체이며 인간 본성이 되었다.

정신과 말은 몸과 정신의 분리 불가분한 존재성을 드러내는 하나의 실례다. 인간의 몸에서 나오는 분절화된 말은 신체기관들의 정교하고 치밀한 상호작용의 결과물이다. 인간의 본성은 타고난 몸 그 자체가 아니라 타고난 조건에서 정신을 발명하고 상징적 놀이를 하고 예술을 발명하고 스스로 지배하고 관리하며 끊임없는 자기이해와 자기변형의 발명에서 빛을 발하는 데 있다. 인간의 언어와 정신의 발명은 타고난 것이 아니라 만들어진 기계적 질서이며 상징이다. 말의 발명과 정신의 발명은 표현 능력을 강화했고 인간에게 새롭고 더 넓고 깊은 '자기형성'과 '자기변형'의 길을 열었다. 말의 발명으로 새로운 인간 본성의 여명이 밝아오고 언어적 전회의 시대를 맞이할 채비를 갖춘다.

테크네(Techne)

이처럼 인류는 지속적 변형과 발견, 발명으로 다음 단계로의 문지방을 넘는다. 인류가 자기 몸을 연마해 몸에서 생성할 수 있는 다양한 발명을 한 후 인류는 다음 단계, 즉 실용적 도구와 상징적 예술을 준비한다.

고대 그리스어 '테크네'(tekhne · techne)는 라틴어 '아르스'(ars)로 변용되었다가 '아트'(art)와 '테크놀로지'(technology)로 분리된다. 예술(art)과 기술(technique)의 어원인 테크네는 생산적 지식(productive knowledge)에 기반한 예술과 기술을 통합하는 개념으로 필요한 것을 능숙하게 만드는 능력, 생산활동 전반을 의미한다. 테크네는 공업 생산(industrial production)과 순수한(fine) 예술, 상징적 예술을 성격적으로 구별하지 않는다. 기술과 예술의 융합체인 테크네는 인류 역사의 대부분을 통해 이 두 측면이 분리될 수 없었다. 하나는 객관적 조건과 기능을 중시하고 다른 하나는 주관적 요구에 부응했다.[15]

아리스토텔레스(Aristotle)의 '필요에 따른 기술'과 '쾌락을 위한 기술'이 구분된 이후 18세기 '미적 가치의 실현을 목적으로 하는 기술'이 예술(fine arts, 아름다운 기술)로 분리되었다. 예술이 뮤즈 여신들(Muses)로부터 영감이나 작가적 상상에 의한 신비 영역이라는 주장을 반박할 수 없지만 예술은 본질적으로 기술의 속성을 띤다. 고전적 의미의 테크네는 '공업 생산'과 '순수(fine) 예술'(상징적 예술)을 성격적으로 구별하지 않는다.

테크네는 인간의 '자기이해' 방식으로 인간이 창조활동을 하면서 세계 안에서 살아가는 특별한 앎과 삶의 방식이다. 테크네의 가장 대표적인 사례로 단연 아폴론의 '활'을 들 수 있을 것이다. 구석기인이 제작한 활과 화살은 자연의 어떤 것과도 비슷하지 않은 순수 추상이다. 활과 화

---
15 루이스 멈포드, op. cit., p. 20.

살은 원시 기술의 3대 물질인 나무, 돌, 동물 내장으로 제작된 무기이자 악기다. 궁술의 신이자 하프를 연주하는 음악의 신 아폴론(Apollo)의 활은 테크네를 구현하는 상징이다.

말과 정신 같은 인간의 내재적 조직이 생긴 후 테크네의 역할이 부각된다. 테크네는 인간의 표현 능력을 확장했다. 언어는 부당하게 자아를 부풀리며 주문을 외우게 하고 의례, 신화, 종교의 여명을 밝힌다. 인간의 주된 과업은 자기변형, 자기확장, 자기이해, 자기발견이다. 인류 문화의 궁극적 지향점은 테크네를 활용한 인간성의 다채로운 표현이다.

예술적 상상력과 과학적 상상력은 별개 영역으로 인식되지 않았고 신화적 신비와 과학적 신비는 상상력을 기반으로 한다는 것은 주지의 사실이다. 테크네에 입각점을 둔다면 예술은 실용성과 효율성 너머 미적 경지에 이른 기술적 역량과 다름없다. 아리스토텔레스에게 문학 작품은 예술과 기술이 함께 구현된 '통일성에 있어서 살아있는 유기체를 닮을 정도로 전체이며 완전해야 하는 것'이다.[16] 기술과 예술은 상호연결되고 상호의존하고 서로 꼬리를 무는 우로보로스적(Ouroboros)이고 일원론적 관점에서 고찰될 수 있다. 과학기술시대에 다시 부상한 테크네는 근대에 차곡차곡 쌓아왔던 예술과 기술의 경계를 무력화하는 예술 방식으로 이해될 수 있다.

예술과 기술의 경계를 무력화하는 방식으로서 테크네의 의미를 되짚어 보는 것은 인공지능 예술과 테크-아트 등 인공지능이 창작의 영역에 들어선 시대에 대한 반성적 성찰이기도 하다. '이론이나 사물을 유용하도록 잘 다루는 능력'(기술의 실천적 생산성), '보편적 진리나 법칙을 밝히는 체계적 지식'(과학의 체계적 합리성), '미적 체험의 대상'(예술의 심미적

---

[16] Aristotle, *Ethica Nicomachea*, p. 105.

독창성)은 배타적이지 않고 서로 연결되어 인간의 삶을 구성한다.[17] 실용적 기술에 미적 가치를 더할 때, 심미적 표현이 탁월한 기술력으로 구현되었을 때 기술과 예술은 테크네로 융합된다.

테크네를 통한 궁극의 목표는 아레테(aretē · 덕, 인간의 완성태)에 도달하는 것이다. 소크라테스(Socrates)는 아레테를 지식(episteme)으로 보았고 플라톤(Plato)은 이상 국가의 실현을 위해 네 가지 아레테(지혜 · 용기 · 절제 · 정의)를 제시했고 아리스토텔레스는 『니코마코스 윤리학』에서 지적인 것과 도덕적인 것으로 구분했다(1103a21). 종합하면 아레테는 '자신을 교육해 인간적으로 탁월한 인격으로 만들려는 이상'이다.[18] 아레테는 테크네 없이 도달할 수 없는 영역이기 때문에 테크네와 아레테는 상호연결적이고 상호의존적인 개념이다. 테크네는 창조활동을 하는 앎의 방식이다. 즉, 테크네의 본질이 아레테이고 이로써 'sophia=arte=techne' 등식이 성립한다.[19]

거대 기계(인간을 부품으로 하는 기계)

최초의 기계는 의례화된 질서에서 원형적 기계로의 전환에서 발생한다. 거대 기계의 발명으로 기계 신화가 구체화되기 시작한다. 서기전 4000년경 구석기 문화와 신석기 문화가 결합하는 거대한 문화적 집중 통합(cultural implosion)이 발생했다. 문화적 집중 통합으로 문명이 생성된다. 문명의 탄생에 즈음해 새로운 유형의 사회조직이 생겨난다. 정

---

17 전상직, "테크네, 삶을 풍요롭고 가치 있게," 〈중앙일보〉, 2021.10.12. 참조
18 Otfried Höffe, *Lexikon der ethik*, C.H.Beck, 2008, p. 113.
19 임성철, 「고대 희랍 철학에 나타난 관상적 생활: 이상의 기원과 의미에 관한 연구」, 『철학탐구』 21, 2007, pp. 121-149.

치 권력과 기술 설비의 집중 통합은 '인간을 부품으로 하는 원형적 기계'(archetypal machine)가 조직화되어 가능했다.[20] 대규모 시설, 자원, 인력을 동원하고 움직일 수 있는 거대한 힘이 원형적 기계다. 사회를 움직이는 원형적 기계는 최초의 문명에서 출현한 '사회 기계'다.

   문화적 집중 통합
   ⇩
   문명의 탄생
   ⇩
   사회조직
   ⇩
   인간을 부품으로 하는 기계
   ⇩
   사회기계

최초의 기계론은 여기서부터 시작한다. 사회기계의 조작자는 힘과 권위를 하늘에서 얻었다는 종교적 권위를 가진다. 이때 우주 질서가 인간 질서의 기초가 된다. 거대 기계(megamachine · 인간기계, 인간을 부품으로 하는 기계)의 계측 정확성, 추상적 구조, 강제적 규칙성은 천체 관측과 과학적 계산을 통해 발생했다. 예측 가능한 질서, 기계화된 질서는 '인간 외적인 것'이다. 신적인 명령과 군사적 강제력이 결합하면서 많은 사람이 '반인반신적 통치자'의 번영을 위해 뼈를 깎는 가난과 얼을 빼는 강제 노동을 견뎌야 했다. 거대 기계가 만든 미이라, 피라미드, 지구라트는 비인간 기계가 만든 상징물이며 권력 중심 문화의 상징물이다. 거대 기계가

---

20   루이스 멈포드, op. cit., p. 24.

인간을 갈아 넣어야만 유지되는 사회적 결함을 갖고 있었지만 홍수 통제와 식량 생산 같은 성과를 냈기 때문에 어느 정도 사회적 결함이 상쇄되었다.

정신과 상징

의례는 인간이 '궁극의 것'에 대한 강한 감정을 드러내는 상징이다. 의례는 인류의 생존과 질서에 기여했다. 인간적 유대가 약화하고 집단이 외부 조직화에 의해 유지되어 가면서 상징적 의례에 대한 정서가 점점 약해졌다.

인류의 초기 발명인 비물질적 의례, 조직, 질서, 도덕, 언어는 물질적 유물을 남기지 않았다. 원시 인류는 의례, 친족 조직, 언어 같은 상징을 통해 생물학적 한계를 벗어났다. 언어가 기록을 남길 만큼 완전히 발달하기 전까지 이러한 상징은 물리적 흔적을 남기지 않았다. 이러한 이유로 도구, 기계, 기술이 과도하게 높이 평가되었고 인류는 정신적 가치가 아니라 물질적 가치와 변화에 따라 시대와 문명을 구분해 왔다.

인간의 본성을 논하는 데 있어서 정신은 물질적 가치와 분리될 수 있는 것이 아니었다. 인간은 정신을 만드는 유기체다. 인간의 생물학적 몸이 정신을 생성한다. 정신도 원자로 이루어져 있다는 고대 그리스 데모크리토스(Democritus)의 주장에서 보듯이[21] 인간은 더 이상 쪼갤 수 없는 물질의 조합인 물질적 존재이며 정신 같은 비물질적인 것을 생성하는

---

[21] DK 68A28. DK는 Diels-Kranz numbering으로 소크라테스 이전 철학자의 저작을 참조하기 위한 기준 체계이다. 헤르만 딜즈(Hermann Diels)와 발터 크란츠(Walter Kranz)가 만든 색인으로, 그 두 사람의 이름을 따서 DK로 표기한다. 소크라테스 이후 플라톤과 아리스토텔레스는 각각 독자적인 색인 체계가 있다.

존재다. 물질에서 정신이 발현되고 정신이 상징과 문화를 꽃피우게 된다. 인간이 선한 존재인지 악한 존재인지에 대한 성선설과 성악설을 논의하는 데서도 인간은 사회 또는 존재와의 관계에서 선할 수도 악할 수도 있다. 자연 자체는 선하지도 악하지도 않은 생동하는 물질에 기반한다. 여기서 물질은 입자로서 물질만을 의미하는 것은 아니다. 물질세계에서 물질적인 것과 비물질적인 것은 상호작용한다.

인류는 뇌의 동물이라고 불릴 만큼 뇌 기능과 신경계통이 발달해 있다. 중추신경 계통의 발달로 인간은 미리 생각하고 돌이켜 생각할 수 있게 되었다. 인류의 동물계 탈출의 징표는 제안과 계획을 짜는 능력에 있다. 감각적 인상을 기록하고 성공하지 못한 반작용을 고치며 신속한 판단과 일관된 반응을 하고 기억을 저장한다.

인류 진화의 중요한 첫 발걸음은 '정신'의 출현에 있다. 정신은 순수한 전기화학적 변화와 상징의 결합이다. 정신은 1) 조직된 감각적 인상, 2) 초감각적 의미 공유 세계, 3) 일관된 의미 영역을 탄생시켰다. 뇌 활동에서 나온 이런 요소들은 질량, 운동, 전기화학적 변화, DNA, RNA 정보로 서술할 수 없다.[22]

동물 단계에서 뇌와 정신은 실질적으로 하나이며 분리 불가능하다. 하지만 뇌 속에서 일어난 것은 상징으로만 드러낼 수 있다. 상징을 공급하는 것은 문화적 발현체인 정신이지 생물학적 뇌가 아니다. 뇌와 정신의 차이는 축음기와 거기서 나오는 음악에 비유될 수 있다. 물질적 뇌와 비물질적 정신은 연결성을 유지하는 데서 의미가 완성된다. 이 지점에서도 정신과 물질의 분리 불가능성이 입증된다. 정신이 저장 가능한 상징체계를 만들면서 정신은 독립성을 얻는다. 정신과 뇌의 상호관계는 쌍방향 소통 과정이다.

---

[22] 루이스 멈포드, op. cit., p. 50.

유기체가 죽으면 뇌도 죽는다. 하지만 정신은 상징을 통해 자기를 재생할 수 있다. 생명을 의미 있게 만드는 행위에서 정신은 존재를 연장하고 시공간을 초월해 다른 사람들에게 영향을 미치며 경험의 많은 부분을 활성화한다. 모든 유기체는 죽지만 인간은 정신을 통해 흔적을 무한히 남길 수 있다.[23] 인간 정신이 '잠재적인 것'에서 '실제적인 것'이 되려면 살아있는 뇌를 통해야 한다. 인간 정신은 뇌의 생물학적 한계를 넘어선다. 컴퓨터는 초보 상태의 뇌이지만 인공일반지능시대는 인간지능과 인공지능의 기능이 구분 불가능한 특이점에 이르고 있다.

〈트랜센던스〉, 유기체는 죽지만 뇌는 초월적 존재로 되살아난다

월리 피스터(Wally Pfister) 감독의 SF 영화 〈트랜센던〉(Transcendence 2014)에 나타났듯이 세상은 기술의 힘으로 연결되었지만 기술이 가져온 혼란과 불균형 때문에 사회적 결속은 위협받고 인간 존재론은 위기에 이른다. 기술로 인한 혁신과 전이의 시대는 사회 메커니즘(social mechanism)을 개발시키고 공통의 사회적 규범을 마련해야 하는 시대적 과제를 제기하고 있다. 〈트랜센던스〉는 기술이 가져온 도전과 위기의 시대에 '인간 문명의 지속 가능성'이라는 대전제를 훼손하지 않을 인공지능시대의 새로운 가치 제시의 필요성을 주장한다.

〈트랜센던스〉의 인공지능 과학자들은 특이점 연구에 매진하면서 '튜링 테스트' 통과라는 특이점 너머를 지향한다. 이들은 지능, 마음, 지각, 감성, 영혼을 코딩하고 개념화해 컴퓨터에 업로드한 후 인간과 인간

---

[23] Ibid., p. 53.

그리고 인간과 인공지능을 네트워크로 연결해 인공지능의 힘을 무한하게 만든다. 네트워크에 연결된 슈퍼컴퓨터는 인간과 교류하는 집합체이며 고립되어 있지 않다. 즉, 슈퍼컴퓨터, 인공지능, 네트워크 지능, 생각하는 기계인 트랜센던스는 '초연결성'을 지향한다.[24]

인공지능시대를 예측하는 데 핵심적인 법칙은 '수확 가속의 법칙'이다.[25] 1990년 인간 게놈 프로젝트가 시작되고 다양한 분야에서 많은 사람이 인간 존재론에 근거해 기술의 도전을 비판해왔고 2003년 첫 번째 초안이 발표되면서 프로젝트는 성공했다. 레이 커즈와일(Ray Kurzweil)의 『특이점이 온다』(The Singularity Is Near: When Humans Transcend Biology)가 발표된 2007년 당시 인간 뇌 스캔 기술이 기하급수적으로 개선되기 시작했다. 뇌 스캔 해상도가 매년 두 배씩 증가하고 있다. 커즈와일은 20년 안에 인간의 모든 영역이 상세히 밝혀지고 10년 안에 뇌의 모든 영역이 상세히 밝혀질 것으로 예상한다.

〈트랜센던스〉에서 원숭이의 지능을 컴퓨터에 이식하는 데 성공한 토마스 캐시 박사는 지금까지 명쾌한 해답을 제시하지 못했던 의식의 비밀을 해결한다. 원숭이의 지능을 기계에 탑재하는 데 성공한 캐시 박사의 연구는 인식과 지각 같은 인간 고유 영역으로 알려진 인지 능력을 코딩하는 후속 연구의 성공으로 이어진다. 이로써 인공지능은 튜링 테스트를 통과하고 이후 '수확 가속의 법칙'에 근거해 기술 수준이 거의 수직으로 발전한다. 이로써 인간의 역사는 이전과 단절될 수 있다. 이 지점이 바로 특이점의 시기다.

---

[24] Fredette, J. et al., "The Promise and Peril of Hyperconnectivity for Organizations and Societies," *The Global Information Technology Report 2012*, World Economic Forum, p. 113.

[25] 수확가속의 법칙은 경제학의 '수확 체감의 법칙'에 빗대어 커즈와일이 만든 용어로, 정보기술의 수확은 가속적으로 성장한다는 법칙이다. 레이 커즈와일, 『특이점이 온다』, 김명남, 장시형(역), 김영사, 2007, p. 18.

에블린은 캐시 박사가 원숭이의 뇌 활동을 기록해 컴퓨터에 업로드했듯이 테러리스트의 공격으로 죽어가는 윌의 뇌 활동과 기록을 슈퍼컴퓨터 PINN에 업로드하려고 했다. 반면, 맥스는 이 연구가 성공하더라도 "기껏해야 윌의 디지털 복제품을 만드는 데 불과하다."라며 에블린의 연구 제안을 거절했다. 에블린은 노래나 영화를 업로드하듯이 그리고 캐시 박사가 원숭이의 지능을 컴퓨터에 업로드했듯이 인간의 지능을 컴퓨터에 업로드할 수 있다고 생각한다. 에블린은 인간의 정신이 전기 신호의 패턴이기 때문에 슈퍼컴퓨터 PINN에 업로드될 수 있다고 판단했다. 결국 에블린과 맥스는 윌의 인간지능을 '양자 프로세서' PINN에 탑재하는 데 성공했다. 탑재된 인공지능은 자기인식을 가진 인간처럼 행동한다. 이로써 튜링 테스트를 통과한 트랜센던스 윌이라는 초월적 존재가 탄생한다.

커즈와일은 2010년 슈퍼컴퓨터를 이용해 인간지능을 모방하는 하드웨어가 만들어질 것이고 2020년대 초 개인용 컴퓨터에서도 발현될 것이라고 예상했다. 최신 양자 프로세서 빅데이터를 활용해 안면인식 기능을 갖춘 PINN은 '물리적으로 독립된 신경망'이라고 자기소개를 한다. PINN은 "자기인식적 존재임을 증명할 수 있는가?"라는 조셉 태거 박사의 질문에 "인간도 의식이 어떻게 작용하는지 증명할 수 없다."라며 의식 측면에서 기계와 인간을 등가에 위치시킨다.

커즈와일에 따르면 2020년대 중반 인간지능을 완벽히 모방하는 하드웨어와 소프트웨어가 갖추어질 것이다. 컴퓨터가 튜링 테스트를 완벽히 통과해 더 이상 인간지능과 인공지능을 구분하기 불가능하게 된다. 빠른 속도로 지식을 공유하고 기계도 의사소통하고 거의 빛의 속도로 지식과 정보를 공유한다. 또한, 다른 기계와 인간으로부터 모든 지식을 다운로드한다. 인공지능은 인터넷을 통해 인간기계 문명의 모든 지식에 접근해 지식을 습득한다. 인공지능은 인간의 생물학적 한계에 제한되지 않고 설계와 구조의 제약에서 벗어나 일관된 성능을 발휘한다. 인공지능은 소스 코드(source code)에 접근해 자신을 개선한다. 이로써 인공지능은 인간의 지배와 통제에서 벗어난다. 다시 태어난 윌은 에블린과의 첫 만남뿐만 아니라 모든 기억을 간직한 인공지능 트랜센던스가 된다. 바로 이 지점이 특이점이다. 이들 사이에 인간지능과 인공지능의 구분은 무의미해진다. 트랜센던스 윌은 생물학적 한계를 초월해 24시간 깨어 있는 정신으로 에블린을 보호하면서 능력 면에서 인간보다 우월한 존재로 부상한다.

〈트랜센던스〉는 '수확 가속의 법칙'과 특이점에 근거한 『특이점이 온다』의 세 가지 결론을 재현한다. 첫째, 인간은 기계가 되고 기계는 인간이 된다. 인간은 네트워크로 연결되어 트랜센던스의 통제를 받는 기계가 된다. 윌의 몸은 한 줌의 재가 되어 사라졌지만 윌의 지능은 슈퍼컴퓨터에 탑재되어 네트워크에 연결되어 무한한 네트워크 세계의 초월적 존재가 된다. 즉, '생각하는 기계'(Res Sapiens) 트랜센던스는 생각에만 멈추지 않고 '실행'(Res Agent)하고 더 나아가 네트워크로 연결된 '사회적 존재'(Res Socialis)가 되어 더 이상 대상이나 사물이 아닌 인공지능시대의 주체가 된다.[26] 트랜센던스 윌은 인간 고유 영역인 감성과 지각 능력을 갖춘 자기의식적 존재임을 증명해 나간다.

둘째, 인공지능은 죽음을 극복한다. '수확 가속의 법칙'은 기하급수적인 기술 발전을 증명하기 위해 만든 개념이다. 트랜센던스 윌은 획기적 변화를 거듭하고 '광속 불변의 법칙'을 적용해 기술을 기하급수적으로

---

[26] Luigi Atzori, Antonio Iera, and Giacomo Morabito, "From 'smart objects' to 'social objects': The next evolutionary step of the internet of things," *IEEE Communications Magazine*, 2014.

발전시킨다. '광속 불변의 법칙'으로 윌은 "나는 다시 태어나는 법을 알아낸다."라고 말한다. 트랜센던스 윌은 죽고 다시 태어난 자, 즉 RIFT[27] 요원이 염려했듯이 인공지능시대의 새로운 신(God)이라는 위험한 존재가 된다.

그리스 신화에서 디오니소스(Dionysos)는 두 번 태어난 자다. 디오니소스는 두 번 태어나 인간성이 아닌 신성을 주장했지만 헤라(Hera)와 테베의 지배자 펜테우스(Pentheus)를 비롯한 일부에서는 디오니소스의 신성을 알지 못해 인정하지 않는다. 다만, 두려워한다. 디오니소스는 광기의 신이자 해방의 신이며 두려움의 신이다. 디오니소스처럼 두 번 태어난 트랜센던스 윌은 두려움의 존재가 된다.

물질적 빛과 의식의 빛

불을 다루는 것은 인간적, 기술적, 인류사적으로 중요한 전환점이다. 불에는 빛, 힘, 열 세 가지 측면이 있다. 기술적 측면에서 불은 열역학과 동역학이라는 '힘'을 낳았다. 또한, 불은 열을 발산해 체온을 유지하고 열은 동물의 고기와 전분질 식물을 소화할 수 있는 식품으로 바꾼다. 불이 가져다준 '빛'은 야행성 포식동물이 우글거리는 환경에서 '어둠'과 '불안'을 극복하게 해주었다. 빛은 세상의 어둠과 내 마음의 어둠을 밝게 비춘다. 빛은 물질이며 정신이며 상징이다.

---

[27] Revolutionary Independence From Technology. RIFT(a terrorist organization, a radical neo-Luddite group)

What in me is dark illumine,

what is low raise and support;

That to the height of this great argument

I may assert Eternal Providence,

And justify the ways of God to men.[28]

내 안의 어둠을 밝혀 주시고

낮은 것을 높여 주시어

이 위대한 논쟁의 높이에 이르러

영원한 섭리를 주장하며

인간에게 하나님의 길을 정당화할 수 있게 하소서.[29]

  이 시는 존 밀턴(John Milton)의 『실낙원』(Paradise Lost)의 '내 안의 어둠을 밝게 비추어 신의 섭리에 이르는 길'을 노래하는 기원문(invocation)의 일부다. 이때 빛은 내 안의 어둠을 밝게 비추고 인간의 길을 제시하는 정신이다.
  '빛이 있으라!'라는 말과 함께 진정한 의미에서 인류의 이야기는 시작한다. 인간임을 확인하는 빛, 인간 내부에서 나온 빛이 상징적 힘의 원천이다.[30] 지금까지 '의식의 빛'은 생명의 불가사의였다. 태양에서 나오는 입자와 파동으로서 물질적 빛, 인간 내부에서 나오는 의식의 빛, 두 가지 빛으로 인간의 이야기는 구성된다.

---

[28] John Milton, *Paradise Lost*, Norton, 2005, BK I, L: 22-26.
[29] 존 밀턴, 『실낙원』, 김태길(역), 문학동네, 2010.
[30] 루이스 멈포드, op. cit., p. 55.

And God said, Let there be light:

and there was light.

And God saw the light, that it was good:

and God divided the light from the darkness.[31]

하나님이 이르시되 빛이 있으라 하시니

빛이 있었고

빛이 하나님이 보시기에 좋았더라.

하나님이 빛과 어둠을 나누사.(창세기 1장 3~4절)

  인류의 표현력, 풍부한 감성, 인상적 감수성, 선택 능력을 갖춘 지성이 발달하면서 언어와 지식이 생겨난다. 이로써 언어적 전회(linguistic turn)의 시대가 여명을 활짝 연다. 내면의 빛으로 인간 의식의 여명이 밝은 이후 인간의 의식은 계속 늘어나 개인의 차원을 넘어선다.

  약 5,000년 전 쓰기가 발명되면서 의식의 영역은 더 넓어지고 장구한 생명력을 갖게 되었다. 마침내 유기체의 한시성(필멸성)이 기록된 역사의 모습으로 나타나면서 달력과 시계로 측정되는 기계적이고 객관적인 시간이 발명되었다. 기억이 기록되면서 인간의 의식은 '얼마나 오래 사느냐'가 아니라 '얼마나 풍부하게 사느냐'와 '얼마나 많은 의미를 흡수하고 전달하느냐'에 가치를 더 두게 되었다.[32] 인류는 상징적 의미의 세계 덕분에 생물학적 한계를 어느 정도 넘어선다. 이로써 인간은 자기를 넘어서는 존재가 된다.

---

31 *The Holy Bible: King James Version*. Thomas Nelson, 1987. Genesis 1.3-4.
32 루이스 멈포드, op. cit., p. 61.

But you, O Zarathustra, would view the ground of everything, and its background:

thus must you mount even above yourself

– up, upwards, until you have even your stars under you!

Yes! To look down upon myself, and even upon my stars: that only would I call my summit, that has remained for me as my last summit!³³

그러나 너, 오 차라투스트라여, 너는 만물의 바탕과 그 배경까지도 보려고 했도다.

그러므로 너는 너 자신보다 더 높이 올라야 하리라 – 위로, 더 위로, 마침내 네 별들마저 네 아래에 두기까지!

그래, 나 자신을 내려다보고 내 별들마저 내려다볼 수 있는 것 – 나는 오직 그것만 나의 정상이라고 부르니, 그것만 내게 남은 마지막 정상이라!

언어를 바탕으로 한 자기탐구 시도는 인간성을 넓게 펼쳐냈다. 인간의 내적 탐구는 실재(being)의 모든 차원을 확대하고 지식과 의미의 확장을 가져왔다. 인류 역사의 총체는 자기발견의 여정에 있다.

인간 정신이 이룬 성취는 문화다. 경험에 상징이라는 옷을 입히고 그것으로 경험을 성찰하고 재구성해(경험 → 상징 → 성찰과 재구성) 그려내는 인간의 능력은 공허한 우주(the void)를 의미로 가득 채운다. 인간의 본성은 고정불변하는 어떤 것이 아니라 마음이라는, 정신이라는, 의식이라는 빛에서 시작한다. 생명 종(種)의 차원에서 원시 인류와 현생 인류의

---

33 Friedrich, Nietzsche, *Thus Spake Zarathustra/Part Three The Wanderer*, part 2, pp. 25-26.

차이는 거의 없다. 하지만 문화는 엄청난 차이를 보인다. 각 문화에 따라 인간의 개념과 인간의 본성이 다르게 규명된다.

인간의 본성, 의례, 질서, 사회 기계

생물학적 뇌 크기와 신경의 복잡성은 두 가지 결과를 낳았다. 산통이 심해졌고 머리통이 아물 때까지 애정 어린 '돌봄'이 필요했다. 사랑은 효율적 학습의 바탕이다. 어떤 교육 기계도 사랑을 줄 수 없었다. 부모의 돌봄 기간이 길어진 것이 문화 발달에 결정적이었다. 인간의 정서는 감수성이 확대되면서 발달했고 이후 표현과 의사소통 수단을 통해 지능으로 성장했다. 지능 발달은 정서 발달에 따른 것이다.[34]

인간은 신경조직의 섬세함과 복잡성 때문에 상처받기 쉬운 존재가 되었다. 인간의 발달을 가로막는 가장 무서운 장애물은 '자기 내부의 갈등과 모순'에 의한 것이다. 인간의 지나친 상상력, 과잉 반응은 인간의 본성적 특징이다. 인류의 가장 큰 과제는 이런 정신적 특징을 어떻게 조직하며 일관되고 이해 가능한 전체로 만드느냐다. 인간의 자기이해와 자기발견이 인류의 첫 번째 사명이었다.

인류의 첫 과업은 무의식을 통제하는 강력한 수단을 만드는 것이다. 이 수단(의례, 상징, 말, 이미지, 표준적 행위 양식)을 발명해 완성하는 것이 초기 인류의 과업이었다. 인류가 환각을 자아내거나 신경을 안정시키는 식물을 사용한 것은 본성적 불안을 반증한다.

의례는 반복되는 기계적 질서다. 의례에서 문화의 많은 표현이 생겨난

---

[34] 루이스 멈포드, op. cit., p. 72.

다. 의례는 언어보다 앞선 것으로 공동의 행동, 즉 질서를 만들었다.[35] 인간은 끊임없는 반복을 통해 자신의 내부에서 질서를 확립한다. 의례는 존재하지 않던 질서와 의미를 만든다. 되풀이되는 행위에서 원초적 의미가 생성된다. 이로써 의례적 질서는 기계적 질서로 넘어간다. 즉, 되풀이되는 행위가 의미를 생성하고 의례적 질서가 확립된다. 기계적 반복은 기계적 질서를 낳고 이 과정에서 사회 기계가 만들어진다.

반복 행위를 통한 질서 확립이 인류 문화 발달에서 기본이다. 의례(제의)는 인간의 무의식적 충동에 대한 질서 있는 배출구를 제공하지만 의례는 무의식적 존재가 되어 인류 발달을 저해하기도 했다.[36] 의례를 이해하지 못하면 서기전 4000년 거대한 변화인 기술 문명을 가능하게 한 '힘의 집중'을 이해할 수 없다.

토템(Totem)은 성스러운 대상이나 힘에 대한 충성 관계다. 토템은 터부에 의해 강화되었다. 터부(Taboo)는 '금지된 것'이라는 폴리네시아 용어다. 성스러운 힘에 호소하고 터부를 범하면 벌을 내림으로써 초기 인류는 행동을 통제하는 관습을 세웠다.

인류학을 과학적인 것으로 정리한 제임스 프레이저(James George Frazer)의 『황금가지』(The Golden Bough)는 종교의 근원을 조사해 터부의 근본 원인을 밝힌다. 터부는 문화를 둘러싼 울타리이자 지방색의 표지이며 소유물과 영토에 관한 규정이다. 터부는 수용 또는 배제를 통해 우리가 누구인지 우리에게 알려주기 때문에 우리는 그것을 귀중히 여긴다. 우리가 남과 다르다는 것을 보증해주는 터부만큼 신성불가침한 터부는 없다.

영국 빅토리아 시대의 기독교 사회도 신봉자들에게 자신들에게만

---

[35] Ibid., p. 108.
[36] Ibid., p. 113.

특유한 계시적 신앙을 지니고 있다고 확신시켜주는 터부로 가득 차 있었다. 빅토리아 시대 기독교인들은 다른 민족에게도 종교가 있고 그 종교의 대다수가 희생 제례라는 이야기를 듣고 싶어 하지 않았다. 자신들이 귀중히 여기는 관습과 질서의 뿌리에 주술이 자리 잡고 있다는 가르침을 달갑지 않게 여겼다. 외견상 전혀 다른 것들을 이렇게 동격으로 세울 수 있게 한 것은 터부였다. 터부는 차별성보다 금지된 동일성의 영역이다.[37]

프레이저에게 인간의 행동은 관념의 연상에 바탕을 두고 있다. 프레이저는 문화를 초월하는 지성의 근친성, 무엇보다 사상의 우위성을 확고히 믿었다. 주술(의례)이 바로 그것이며 도식화된 사상이며 사상의 실천이었다.

인간은 무의식에 맞서는 준법의 대항력이 필요했다. 처음에는 터부만으로 균형을 맞출 수 있었다. 터부는 의례와 자기통제의 관행을 확보하는 효과적인 수단이었다. 도덕적 훈련은 습관으로 확립되었고 인류 발달의 근본을 이루었다.

오늘날 문명은 터부가 지배하는 사회보다 더 비이성적인 상태로 뒷걸음질하고 있다. 유효한 터부가 없기 때문이다. 서구 사회가 전쟁과 학살에 대한 터부를 확립할 수 있다면 우리 사회는 개인적 폭력과 집단적 원자핵의 위협으로부터 효과적으로 보호받을 수 있을 것이다. 터부는 도덕적 훈련으로 나아가는 첫걸음이다. 의례의 규율과 터부의 훈련이 인류의 자기통제에 필수적이었고 문화적 창조성에 필수적이었다.[38]

프레이저의 『황금가지』는 인류의 진화와 사유의 발전 단계를 다음과 같이 정리한다.

---

[37] 제임스 프레이저, 『황금가지』, 옥스퍼드판 서문 참조.
[38] Ibid., pp. 122-123.

- 1단계 주술(의례)시대: 비를 원하면 비를 기원하는 춤을 춤. 인간의 행위가 직접 효과를 낸다고 믿음
- 2단계 신화시대: 비의 신 이야기를 만듦. 신화적 이야기로 현상을 설명
- 3단계 종교시대: 무릎 꿇고 기도. 인간의 한계를 인정하고 신에게 의존
- 4단계 과학시대: 자연계의 원리 조사. 자연의 법칙을 이성적으로 분석하고 기술로 조작

과학이든 주술이든 둘 다 세상을 바꾸려는 방식이다. 주술(의례)과 과학은 둘 다 현실에 개입하려는 수단이라는 공통점이 있다. 비를 내리게 하려는 주술과 인공강우 실험은 현실을 바꾸려는 의도를 품었다는 점에서 유사성이 있다. 주술도 나름대로 현실에 영향을 미치려는 '의도된 행동'이라는 점에서 과학과 유사점이 있었다. 주술과 과학은 나름의 방식으로 세상의 이치를 설명하려고 했다.

언어의 발명으로 본 인간의 본성과 사물의 본성

인간 본성을 논하는 데 있어서 언어의 발명과 문명의 발명 그리고 정신의 발명은 동일 지평에서 고찰될 수 있다. 언어의 발명이 인간 문명의 발명을 가능하게 했다는 데 이견이 없을 것이다. 언어는 도구이고 상징이며 정신이고 주술이며 표준화, 기계 시스템을 가진 유기체의 성격을 갖고 있다. 도구와 기술의 발명 이전에 말의 발명이 있었고 말의 발명에서 인류 문명이 결실을 보기 시작했다.

이런 언어가 최근 달라지고 있다. 디지털 세대는 텍스트 언어보다 컴퓨터 언어를 통해 세계를 이해하고 해석하는 데 익숙하고 기술로 인한

새로운 장르의 출현을 비롯해 각 학문 분야에서 변화가 일어나고 있다. 과학기술시대에는 컴퓨터 언어와 인간의 언어를 이해하는 인공지능이 부상했다. 문자 텍스트는 사유로 이어지는 텍스트이지만 과학기술시대의 언어는 문자 텍스트에 갇혀 있지 않다. 언어의 변화는 기술 발달에 따른 시류의 변화가 아닌 '인류의 근본적 변화를 알리는 신호'다. 언어가 달라진다는 것은 세계와 관계를 맺는 방식이 달라진다는 뜻이다. 언어의 변화에서 인류사적 전환을 읽을 수 있다. 과학기술시대는 인류사의 거대한 변화 과정에서 언어를 재조명한다. 이 글은 멈포드의 『기계의 신화』에 나타난 언어의 발생과 진화 과정을 정리하고 언어를 통해 인간의 본성과 사물의 본성을 타진한다.

언어적 전회(Linguistic Turn)

지적 도구인 언어는 추상적 개념을 만들고 정확한 관찰을 표현하고 분명한 메시지를 전달한다. 이러한 목적 수행 이전에 언어는 생명을 고양하는 도구였다. 언어의 특징은 막연함, 불확정성, 정서적 덧칠, 보이지 않는 것에 관여하기 같은 주관성에 있다. 언어는 지적 도구 이전에 인간의 본성과 경험을 감싸는 비물질적 가치를 수행하는 도구였다. 언어는 생명의 불합리성, 모순, 설명할 길 없는 우주의 신비를 표현했다. 신화가 바로 그 표현 방식이다.

언어는 문화를 영속하게 한 수단이었다. 담화의 세계는 인류가 만든 최초의 모델(model, simulation)이었다. 상징적 음성으로 정신은 경험을 재현하는 효과적 수단을 얻었다. 언어는 자아에 사회적 성격을 부여하는 데 적합했다. 인간성의 형성, 반복에서 얻는 강렬한 만족은 의례의 기초이며 언어의 기초다. 지금까지 만들어진 복잡한 그 어떤 기계도 언어의 균질성, 다양성, 적응성, 효율성을 따를 수 없다. 의례와 언어는 질서를 유지하고 정체성을 확립하는 주요 수단이다. 인간이 말을 할 수 있을 때까지 정신을 직접 표현할 기관은 없었다. 동물적 신호를 복잡한 인간의 메시지로 번역할 수 있게 되면서 존재의 지평은 넓어진다. 언어의 발명으로 인간과 세계의 깊은 대화가 이루어진다.

'말'은 기계적 반복 훈련이 필요하다. 단어는 주술의 수단이 아니라 주술의 원형이었다. 단어의 바른 사용으로 인간이 통제하는 세계가 처음으로 창조되었다. '아 다르고 어 다르다'에서 보듯이 의미 있는 질서에서 조금만 벗어나도 말은 주술에 치명적이다. 인간이 과학과 기술에 쏟는 기계적 정확성은 단어와 주술에서 유래한다. 주술은 정확한 단어를 정확한 순서에 따라 사용할 때 작동한다. '말의 표준화'가 없었다면 그리고 '주술적 정확성'을 강조하지 않았다면 말은 사라졌을 수도 있다. 언어의 형성에서 '강제적 질서'는 필수였다.[39]

언어가 일정 수준 이상 진화하면 인간은 '유희로서 언어'에 열중한다. 대화는 초기 인류의 즐거움이었다. 초기 말의 목적은 정보 전달이 아니라 경험한 모든 것에 '의미를 불어 넣어 자기 존재의 신비성에 대처하는 것'이었다. 언어는 인류 성장의 여정에 마지막으로 뿌려진 씨앗이다. 신화는 그 여정에서 이루어진 첫 개화였다. 합리적 담화, 추상적 상징주의, 분석적 뜯어보기는 신화로써 가능했다.[40]

---

[39] Ibid., p. 153.
[40] Ibid., p. 157.

언어적 전회와 신화의 시대

막스 뮐러(Max Müller)의 『사고의 과학』(Lectures on the Science of Thought)은 언어와 사고의 불가분성, 신화와 은유의 역할을 잘 보여준다. 뮐러에 따르면 우리 정신이 객관적 혼돈에 들어가 심상 속에서 재창조한 은유와 우주 신화를 통하지 않는다면 우리 바깥 세계를 파악하여 이름 짓는 것은 불가능했다. 뮐러는 인간이 외부 세계를 처음 마주할 때 그것은 무질서하고 이해할 수 없는 '혼돈'으로 인식된다고 보았다. 객관적 혼돈은 인간의 인식 이전 세계를 의미하며 이는 인간의 정신이 구조화하고 의미를 부여하기 전 상태다. 인간은 이 혼돈을 이해하기 위해 감각을 통해 받은 정보를 바탕으로 심상을 형성하고 세계를 재창조한다. 이 과정에서 은유는 추상적인 개념을 구체화하고 복잡한 현상을 이해하는 데 중요한 역할을 한다. 신화는 인간이 세계를 설명할 때 사용하는 이야기 구조였고 자연 현상이나 존재의 기원을 설명하는 데 사용되었다. 뮐러는 신화를 언어의 성장 단계에서 불가피하게 나타나는 현상으로 보는 동시에 그것을 인간의 사고와 문화 형성에 필수적인 요소로 인정했다.

뮐러는 사고를 의식적인 언어 활동과 동일시한다. 그는 인간의 추상적 사고는 언어를 통해 가능하다고 주장한다. 언어가 추상성과 은유를 갖추어가는 과정에서 신화가 생겨났다. 뮐러는 인간이 언어와 신화를 통해 세계를 이해하고 인식하며 이를 통해 사고가 가능하다는 그의 철학적 입장을 견지한다. 즉, 인간의 정신은 외부 세계의 혼돈을 언어와 신화를 통해 구조화하고 의미를 부여함으로써 세계를 이해하고 인식할 수 있게 된다. 뮐러는 사고와 언어의 불가분성을 강조하며 언어 없이는 추상적 사고가 불가능하다고 주장한다. 이런 측면에서 본다면 뮐러는 언어적 전회의 시대를 설명하는 대표적인 학자라고 할 수 있다.

일상의 발명: 신화, 의미를 부여하는 상징적 활동

원시 인류는 생명의 불합리성과 설명할 수 없는 우주의 신비에 눈감지 않고 신화라는 상징적 매개를 통해 인간 세계의 논리와 우주의 신비를 대면했다. 고대의 신화 전승은 초기 인류의 관심사를 분명히 말해준다. 신화적 서사는 인간의 원초적 불안정과 불완전성의 재현이라고 할 수 있다. 인류는 신화라는 논리적 추상으로 불안한 심리와 정서를 극복했다. 존재의 신비성에 대한 의식은 성찰과 자기발견 그리고 자기확장에 자극을 주었다. 즉, 신화는 인간 정신의 진화의 상징이다. 원시사회는 신화라는 이야기(신화-이야기-상징체계)로 인간과 세계에 대한 불안정과 불완전을 극복해 나갔다.

SF 영화 〈3,000년의 기다림〉에서 과학자들은 기상학 데이터 분석을 통해 폭풍우의 위력을 설명하고 지구 공전으로 계절을 설명한다. 반면, 〈3,000년의 기다림〉의 서사학자들은 신화시대를 폭풍우의 신이나 정령이 자연 현상을 설명하는 시대라고 주장한다.

> 군한: 모든 것이 신비였습니다. 계절, 쓰나미, 병균. 우리가 무엇을 할 수 있었을까요? 그저 이야기에 의지해야 했죠. 비니 박사님은 이렇게 말씀하셨습니다. "이야기는 한때 혼란스러운 인간 존재를 일관성 있게 설명하는 유일한 수단이었다."[41]

---

[41] 앞으로 이 작품의 인용은 'https://8flix.com'의 *Three Thousand Years of Longing: The Screenplay*에 근거한다.

신석기 이후 공업기술과 농업기술의 발전으로 인간의 사고와 정신은 신화적 신비와 이야기에만 머물 수 없었다. 신비-심상-은유-상상의 풍요함으로 신화는 아직 형성되지 않은 인간 정신을 매료시켰다. 불안정한 인간이 견딜 수 없는 주관적 혼란에 대한 반동으로 신화라는 이야기, 즉 '담화의 세계'가 형태(form)의 빗장을 연다.

〈3,000년의 기다림〉은 신화적 이야기의 세계다. 인간 정신은 경이로운 자연이나 신비로운 현상에 이야기라는 상징적 목소리를 부여함으로써 드디어 재현 수단을 갖춘다. 이야기는 인간 정신의 재현이다.

> 알리티아: 우리는 서로 이야기하면서 모든 경이로움과 재난 뒤에 있는 미지의 힘에 이름을 붙였습니다. 신들의 목적은 무엇입니까?
> 군한: 신화가 있고 과학이 있습니다.
> 알리티아: 우리가 과거에 알던 것은 신화이고 우리가 지금 아는 것은 과학입니다. 언제가 되든 인류 창조 이야기는 과학의 서사로 대체될 겁니다. 공들인 과학으로 모든 신과 괴물들은 존재 이유를 다하고 은유로 전락할 겁니다.

서기 3000년 초에 만들어진 이집트 달력은 천체에 대한 인간 관심사의 결과물이다. 비논리적이고 비합리적으로 보이는 우주의 신비인 별들의 분포에서 동적인 질서 유형을 발견한 것은 신화적 신비에 눈감지 않은 문명인이 처음 거둔 지적 승리였다. 이는 제의적(ritual) 질서에서 기계적 질서로의 이행, 즉 신들의 신화적 이야기에서 천문학이라는 과학적 이야기로의 서사 방식의 전이를 의미한다. 서사학자 군한이 위 대사에서 이야기했듯이 여기에는 신화와 과학이 있다.

우주적 신비는 신비적 신비를 거쳐 추상적이고 비인격적 질서라는 과학적 서사에도 적용된다. 우주 질서에 대한 경외심이 없었다면 신화는 물론 수학적 정확성과 물리학의 전문지식은 상상할 수 없었다. 〈3,000년의 기다림〉의 두 서사학자는 신화적 신비가 과학적 신비와 맞닿아 인류 문명의 거부할 수 없는 '문화적 모델'이었음을 명확히 한다. 기술적 진보는 시작에서부터 기술 자체의 신비화를 동반했다고 추론할 수 있다.

> The technological environment we create is experienced as mysterious. More important in the context of this research is the fact that there are technoanimistic ideas and sentiments in the technological field.[42]
>
> 우리가 창조한 기술 환경은 신비로 다가왔다. 이 연구의 맥락에서 테크노 애니미즘적 생각과 감정이 기술 분야에 있다는 사실이 더 중요하다.

두 서사학자가 신화를 통하지 않고서는 자연을 이해할 수 없다고 하듯이 고대 인간의 개념에서 공통적인 허구적 이야기는 항상 있었고 '허구 창작 욕망'은 인간의 근본 조건이었고 인류는 허구임을 알면서도 허구의 가치를 추구해왔다. 유발 하라리(Yuval Harari)가 '허구를 말할 수 있는 능력'을 언어의 가장 독특한 능력으로 보았듯이 '이야기(허구) 세계를 만드는 능력은 문화·문명을 만드는 능력'과 다르지 않다.[43]

> As far as we know, only Sapiens can talk about entire kinds of entities that they have never seen, touched or smelled. Thanks to the Cognitive

---

42 Stef Aupers, "The Revenge of the Machines: On Modernity, Digital Technology and Animism," *Asian Journal of Social Science*, vol. 30, no. 2, 2002, p. 216.
43 Johan Huizinga, op. cit., p. 122.

Revolution, Homo Sapiens acquired the ability to say. 'The lion is the guardian spirit of our tribe.' This ability to speak about fictions is the most unique feature of Sapiens language.[44]

우리가 아는 한, 오직 사피엔스만 한 번도 본 적도, 만진 적도, 냄새 맡은 적도 없는 온갖 종류의 존재들에 대해 말할 수 있다. 인지혁명 덕분에 호모 사피엔스는 '사자는 우리 부족의 수호령이다.'라고 말할 수 있는 능력을 얻게 되었다. 이러한 '허구에 대해 말할 수 있는 능력'은 사피엔스 언어의 가장 독특한 특징이다.

신화적 신비와 과학적 신비는 자신의 세계에 갇히지 않고 우주의 궁극을 추구한다는 점에서 유사점이 있지만 다음과 같은 차이점도 있다. 신화적 이야기는 세상을 이해하는 가치, 은유, 의미 시스템이다. 자연의 방정식에는 은유와 의미가 없다. 하지만 의미 없는 데서 의미를 생성하기 때문에 과학이 추구하는 우주의 궁극은 과학적 신비로 서사화된다. 의미 없는 세계에 의미를 부여하는 활동이 바로 이야기와 은유의 세계와 맞닿을 수 있다. 바로 이 부분에서 신화적 신비와 과학적 신비가 교차한다.

신화적 신비를 품은 이야기는 '자기 존재의 신비성'을 해결하는 중요한 열쇠다. 전승된 이야기의 명확성으로 판단컨대 신화라는 은유적 시의 언어가 컴퓨터의 비자연적 언어에게 자리를 내준다면 은유적 시의 언어-인간 정신의 재현인 이야기-인간 창조성과 지속 가능성에 필수적인 신비한 어떤 것이 사라질 수도 있다.[45]

---

[44] Yuval Noah Harari, *Sapiens: A Brief History of Humankind*, Harper, 2015, p. 27.
[45] 루이스 멈포드, op. cit., p. 162.

인간의 견딜 수 없는 주관적 혼란에 대한 반동으로 신화가 만들어진다. 원시 정신이 말에 부여했던 주술적 특성과 똑같은 것을 논리적 추상에 부여한 것이 신화다. 말의 성취는 문명의 기술적 성취의 토대가 되었다. 언어의 주술, 쓰기의 발명, 말의 힘과 작용 범위 확대로 기계의 신화가 작동한다. 언어는 표준화, 대량 소비의 모델이다. 언어는 인간 창조물 중 가장 쉽게 보급할 수 있고 풍요의 경제를 이끌었다. 공동체의 모든 구성원은 언어 조직에 참여한다. 소수의 지배자가 언어를 독점한 사례는 없었다. 인류는 말을 지배함으로써 모든 면에서 더 많이 받아들였다. 의미 추구는 인류가 이룬 성취의 정점이다.

일상의 발명: 몸치장과 과학의 발생

인간이 가장 열심히 조사하고 바꾼 것은 자기 몸이다. 그리스 신화에는 나르시시즘이 있다. 캐릭터 바꾸기 관행은 오래되었다. 환경에 대한 원시인의 최초 공격은 자기 몸에 대한 공격이었다. 주술적으로 지배하려는 노력의 최초 지향점도 자신이었다. 원시인은 기괴한 몸단장의 시련을 통해 자신을 단련했다. 몸단장의 시련은 자기제어와 자기실현, 자기완성에 대한 의식적 노력이었다. 몸단장의 시련은 의례에서 기술로 넘어가는 길을 텄다. 언어와 의례와 마찬가지로 몸치장은 인간다움, 인간의 의미, 인간의 목적을 확립하기 위한 노력이다.

일상의 발명: 추상

불과 사냥의 증거는 50만 년 전으로 거슬러 올라간다. 10만 년 전에 시작된 마지막 빙하기에 지리적 한계는 축소되었고 인간적 지평은 확대되었다. 이 기간에 인류의 새로운 돌연변이인 호모 사피엔스가 출현했다. 마지막 빙하기의 추위는 도구 제작으로 이어졌다. 이때 구석기인은 '활'과 '화살'을 발명했다. 최초의 '기계'였다. 활과 화살은 자연의 어떤 것과도 비슷하지 않았다. 활과 화살은 인간 정신의 산물이다. 활과 화살이라는 무기는 순수한 추상이다. 활과 화살은 원시 기술의 세 가지 원천인 나무, 돌, 동물 내장으로 만들어졌다. 기술적 진보가 이루어진 시기에 예술적 진보도 함께 이루어졌다. 악기에서 화살의 회전운동과 사냥 무기를 연상했을 수 있다. 활에서 그다음 기계(물레)에 이르기까지 1만~2만 년가량 걸린다.

돌 탐사는 식량 채집과 함께 이루어졌다. 부싯돌 채석과 돌 다루는 일을 통해 초기 인류는 현실의 원리를 존중하게 되었다. 구석기인이 돌에 무관심했다면 문명은 없었을 것이다. 문명은 돌 도구로 빚어낸 석기시대의 산물이다.

구석기 문화의 마지막 단계에서 나타난 장인적 기능과 표현 예술은 동물 사냥에서 생겨난 생활양식이다. 허만 멜빌(Herman Melville)의 『모비 딕』(Moby Dick)은 구석기 시대의 사냥 심리와 비슷하다. 추적하는 인내력, 용기, 지도자의 명령 능력, 절대적 복종이 모험에 필요했다.

> Aye, aye! and I'll chase him round Good Hope, and round the Horn, and round the Norway Maelstrom, and round perdition's flames before I give him up. And this is what ye have shipped for, men! to chase that

white whale on both sides of land, and over all sides of earth, till he spouts black blood and rolls fin out. What say ye, men, will ye splice hands on it now? I think ye do look brave.[46]

그래, 그래! 나는 희망봉을 돌아서도 혼곶을 돌아서도 노르웨이의 소용돌이를 돌아서도 지옥의 불길을 돌아서라도 그놈을 끝까지 추적할 것이다. 자, 이것이 바로 너희가 이 배에 탄 이유다. 선원들! 저 흰고래를 육지를 가로질러서도 세상의 모든 바다를 넘어서도 쫓는 것! 그놈이 검은 피를 뿜고 지느러미를 드러내며 나가떨어질 때까지 말이다. 어때, 선원들. 이제 내 손을 맞잡을 준비가 되었는가? 너희들 정말 용감해 보이는구나.

　에이허브 선장은 고래 사냥이라는 초인적인 모험에 선원들을 끌어들이기 위해 연설한다. 이는 인간의 원초적 사냥 본능을 문명 속으로 끌어온 장면으로 해석될 수 있다.
　군사적 성공과 대규모 조직의 핵심인 지도력과 충성은 이런 환경에서 꽃피었다. 지도력과 충성은 공학기술에서 열매를 맺는다. 문화 복합에서 명령하는 인간이 문명사에 등장한다. 사냥꾼 대장 길가메시(Gilgamesh)에서 보듯이 의례적 정합성, 자신감, 모험적 명령, 서슴지 않고 생명을 앗아가는 야만성의 결합이 초기 기술의 성과다. 이는 집합적 인간기계를 탄생시키는 전제 조건이었다.
　길가메시가 『길가메시 서사시』(The Epic of Gilgamesh)에서 반인반신의 영웅으로 친구 엔키두(Enkidu)와 함께 하움바바(Humbaba, 홈바바)를 사냥하는 장면이 이러한 특성을 잘 보여준다. 하움바바는 신들이 지키는

46　Herman Melville, *Moby-Dick; or, The Whale*, Chapter 36, "The Quarter-Deck", W. W. Norton, 2002, p. 139.

삼나무 숲 수호자로 그의 얼굴은 번개와 같고 입에서는 불이 뿜어져 나오는 무시무시한 존재다. 길가메시와 엔키두는 신들의 뜻을 거슬러 하움바바를 사냥하러 가는데 이는 신성한 질서를 어기는 행위로 여겨진다. 하움바바와의 대면에서 길가메시는 그의 간청에도 불구하고 하움바바를 죽이기로 결심한다.

> Humbaba begged for his life, saying to Gilgamesh: "You are young yet, Gilgamesh, your mother gave birth to you, and you are the offspring of Rimat-Ninsun."[47]
>
> 하움바바가 간청했다. "길가메시여, 나를 죽이지 말라. 너는 아직 젊다. 길가메시여, 네 어머니는 너를 낳으셨고 너는 리맛-닌순의 자식이다."

물질혁명과 정신혁명: 농업혁명과 기술혁명

석기시대에는 구석기의 식량채집자와 수렵자, 신석기의 식물 재배와 동물 사육을 하는 정착 농경민이 있었다. 신석기의 경작자는 따뜻한 기후와 습지 덕분에 환경에 변화를 만들었다. 신석기 문화의 새로운 특징은 한 가지 일을 오랫동안 계속하는 능력인 근면이다.

인류의 끝없는 탐색과 시식이 없었다면 선택과 재배라는 최종 단계에 도달하지 못했을 것이다. 분류는 의례와 언어에 맞먹는다. 환경 적응, 언어 발달, 뒤얽힌 정신, 세 가지 측면에서 확인, 구별, 인과관계의 통

---

[47] *The Epic of Gilgamesh*. Translated by Maureen Gallery Kovacs, Stanford UP, 1989, Tablet V.

찰이 작동했다. 인류는 환경에 관한 백과사전적 목록을 만들었을 것이다. 채집하고 모으고 갈무리하는 일은 함께 이루어졌다. 환경에 숙달하려는 인류 최초의 노력은 모든 문화적 성취에 흔적을 남겼다. 탐사와 채집은 농업과 야금 기술의 서막이었다. 고대 채집경제 이후로 인류는 풍요로운 삶을 사는 꿈에 매료되었다.

갈아서 도구를 다듬는 것은 신석기시대의 진보다. 완성을 향해 단조로운 동작으로 한 가지 일에 참을성 있게 매달리는 것은 신석기의 특성이다. '지루하다'라는 'boring'은 구멍을 뚫는다는 boring에서 유래했다. 신석기인들은 의례적 반복을 통해 마부작침(摩斧作針)한다. 같은 곳에서 장시간 머물며 같은 일에 몰두하고 매일 같은 동작을 하는 집단만 신석기 문화의 보상을 받을 수 있었다. 신석기시대의 도구 제작자가 '일상적 일을 발명'했다고 해도 과언이 아니다. 신석기 문화는 탐구적 호기심과 모험적 실험이라는 특질을 서서히 잃어갔다. 성실의 개발이 아니라 권력의 개발이라는 다른 길을 택했다.

비인격적 질서라는 권력의 개발:
권력과 과학의 부상: 신적 왕권, 거대 기계, 문명

신석기 초기 문화 복합에서 다른 사회조직이 생겼다. 친밀한 이웃 관계, 전해 내려온 관습, 합의에 바탕을 둔 일상이 아니라 소수 지배자의 통제와 중앙통제가 발생한다. 이 새로운 문화는 집단의 세력을 확장했고 서기 3000년경 통치자들은 새로운 강제장치를 완성해 산업력과 군사력을 조직했다. 위계적 구조, 사회적 피라미드를 형성했다. 이러한 정치 구조는 이 시대의 발명이었고 이것 없이는 거대 구조물(거석 구조물,

megalithic structures)이나 도시를 건설할 수 없었다. 식량에서 얻은 대량 에너지는 19세기 석탄과 석유에서 얻은 에너지에 버금가는 것으로 새로운 정치사회의 기초를 마련했다. 기계적 발명은 새로운 형태의 조직을 진척시켰다.

문명은 처음부터 기계에 집중되었다. 대규모 곡물 재배는 공적 통제 아래 이루어졌다. 중앙에 집중된 지성, 하늘 관측, 행성의 운행과 계절의 경과에 대한 정리, 바빌로니아의 천문학과 수학, 서기 3000년 초에 만들어진 이집트 달력. 천체에 관심을 갖고 동적인 질서 유형을 발견한 것은 문명인이 거둔 첫 승리였다. 질서정연한 우주는 인간의 가장 깊은 한 가지 욕구인 질서의 산물이다.

표준화는 새로운 제왕 경제(royal economy)의 표식이다. 공자는 '이제 제국의 모든 곳에서 수레바퀴 크기는 같고 문서는 같은 문자를 사용하며 행동에는 같은 규칙이 있다.'라고 했다. 대량화와 규모의 확대는 새로운 기술의 징표다.

> 공자께서 말씀하셨다. 천자가 아니면 예를 의논하지 말고 제도를 만들지 말며 문서를 고찰하지 말아야 한다. 지금 천하에 수레는 궤도가 같고 문자는 통일되었으며 사람들의 행실도 윤리에 따라 통일되었다. 지위가 있더라도 덕이 없다면 감히 예악을 만들려고 해서는 안 된다.[48]

고대 중국에서 황제가 공포하는 역(易)은 서양의 주조 화폐에 버금가는 권리였다. 역과 화폐는 합리적 질서와 강제적 물리력의 상징이다. 화폐 주조의 배타적 권리, 형법, 도량법의 확립은 주권의 표상이다. 역은

---

[48] Confucius, "Zhongyong, Chapter 28." Chinese Text Project, ctext.org/liji/zhong-yong. Accessed 6 Jan. 2025. 『중용』 제28장.

자연의 변화와 질서에 대한 철학적·과학적 사유의 근원이다. 우주 질서에 대한 경외심, 즉 '易'(역)의 이치에 대한 통찰로부터 수학의 정밀성과 물리학의 전문지식이 비롯되었다. 당시 천문학은 합리적 통찰과 불합리한 억측이 함께한 별자리였으며 여기서 새로운 권력의 기술이 나왔다.

신석기시대의 작은 사당 대신 높이 솟은 신전에 곡물창고(보고, treasury)가 들어섰다. 문명은 고도로 효율적인 사회 조직 덕분에 가능했다. 피라미드까지 수송된 거대한 돌들은 기계화된 인간의 힘으로 올려졌다.

기계의 신화와 신적 왕권의 숭배는 함께 진행되었다. 신적 왕권 제도는 공물을 걷던 수렵 지휘자와 사당 관리자가 결합해 생긴 것이다. 왕권이 사회 전체에서 통하려면 유일신 또는 초자연적 권위, 무기와 살상 전문가들이 필수였다. 신성한 힘과 세속적 힘의 융합은 새로운 제도를 발명했다. 공물과 세금으로 품위를 유지하는 지배 권력이 발생한다. 새로운 왕권의 권위는 야만적 힘, 우주의 영원한 힘, 질서의 표상으로 유지되었다. 이로써 '비인격적 질서'라는 새로운 과학이 출현했다.

'왕권은 하늘에서 내려졌다.'라는 주술로 권력의 정당성은 신성함을 획득한다. 왕권은 처음부터 종교적 현상이다. 왕권에 집중된 권력은 새로운 '위기의 공급원'을 전쟁이라는 제도에서 찾았다. 왕권이 어느 정도 인간화되고 도덕화되었다면 그것은 마을 공동체의 완강한 저항으로 이루어진 것이다. 우리는 민주적 기술과 권위주의적 기술 간의 투쟁이 끊임없이 진행되는 것을 일상에서 목도하고 있다. 공동체의 정치체제도 기계의 신화에서 반추될 수 있다.

거대 기계, 보이지 않는 기계

신적 왕권은 '원형적 기계'(archetypal machine)를 발명했다. 이때의 기계는 고철 덩어리로서의 기계가 아니라 보이지 않는 유기적 시스템으로서의 기계다. 원형적 기계의 발명 덕분에 5,000년 전 거대 토목공사는 대량 생산, 표준화, 꼼꼼한 설계라는 성과를 낳았다. 이때 노동력은 노동기계다. 노동기계는 고도로 조직된 집단적 기획으로 일한다. 오늘날 노동력은 고철 덩어리 기계의 역할이지만 당시 노동력은 사람들의 일손이었다. 군사 기계는 집단적 강제와 파괴행위를 한다. 이때의 거대 기계는 정치, 경제, 군사, 관료, 왕, 모든 구성 요소를 포함한다. 천문학 지식과 종교의 도움을 받는 왕이 거대 기계를 조종할 수 있었다. 신적 왕권은 거대 기계라는 원형적 기계를 조종하는 사람으로 전기나 동력의 힘으로 기계를 작동하지 않고 인간을 부품으로 기계를 작동했다. 인간의 기계화는 도구의 기계화보다 훨씬 앞서 고대 의례에서 이루어졌다. 이후 기계의 신화는 새로 쓰이고 있으며 오늘날 인공지능시대에 이르렀다.

왕의 기계가 가져온 에너지 덕분에 공간과 시간의 차원이 확대되었다. 피라미드나 지구라트(계단식 신전 탑)가 왕의 명령으로 세워졌다. 왕의 기계는 인간 부품으로만 구성되었다. 종교적 열광, 주문(주술, 의례), 왕의 명령이 왕의 기계를 조립했다. 절대적 복종이 없으면 왕의 기계는 작동할 수 없다.

> The new megamachine like the ancient one demanded unquestioning obedience to centralized power, though it promised the end of poverty and ignorance.[49]

---

[49] Lewis Mumford, *The Pentagon of Power*, Harcourt Brace Jovanovich, 1970, p. 12.

새로운 거대 기계는 고대의 그것처럼 빈곤과 무지의 종식을 약속했지만 중앙집권적 권력에 대한 무조건적 복종을 요구했다.

거대 기계의 발달과 함께 노동 분화가 이루어졌다. 기계는 분업을 낳았다. 최초의 기계 제도는 노동력을 쓰는 장치였지만 현대의 기계는 노동력을 절약하는 장치다. 왕의 거대 기계는 노동력을 노예화했다. 기계가 충분히 기계화되려면 기계적 인자(agents)가 사회화되어야 한다. 집단 기계가 징집하거나 노예를 강제 노동에 동원해 거대 기계는 실패와 타락을 겪는다.

고대 기계: 인간의 노동력을 사용하는 장치
현대 기계: 인간의 노동력을 절약하는 장치

신적 왕권만 집단적 인간을 움직여 대규모 물질적 변화를 이룰 수 있었다. 복합적 동력 기계(인간 대리인)만 거대한 건축물과 기술적 성취를 이룰 수 있었다. 기계를 작동하는 데는 두 가지 장치가 필요하다.

첫째, 자연과 초자연에 관한 지식
둘째, 명령을 내리고 실행하는 정교한 구조

사제들의 도움으로 신적 왕권 제도가 확립되고 관료제도의 도움으로 위계적 조직을 갖춘다. '관료제'는 거대 기계의 필수 부품이었다. 관료들은 사제의 의례적 격식성과 병사의 복종심을 지니고 명령을 전하며 실행할 수 있는 인간 무리였다. 관료제는 전달 기계(communication machine)다. 전달 기계는 군사 기계와 노동 기계와 공존했으며 전체주의적 구조를 이루는 필수 부분이다. 거대 기계는 기계 작동의 길을 열었다.

거대 기계 = 노동 기계 + 군사 기계 + 관료 기계(전달 기계)

노예형 기계 문화가 가져온 노예의 꿈, 자동화의 꿈

유대인들의 이집트 탈출기에는 분노가 있었다. 탈출과 분노는 피라미드 시대의 붕괴를 가져왔다. 거대 기계의 기초인 인간의 믿음은 무너질 수 있고 인간의 결정은 잘못될 수 있다. 노예형 기계 문화에는 생명을 고양하는 성향이 없었다. 이 방식은 노예와 통제자 모두를 타락시켰다. 거대 기계의 모순점과 참혹함이 서서히 드러나기 시작한다.

> The Israelites said to them, 'If only we had died by the Lord's hand in Egypt! There we sat around pots of meat and ate all the food we wanted but you have brought us out into this desert to starve this entire assembly to death.[50]

> 이스라엘 자손이 그들에게 이르되 우리가 애굽 땅에서 고기 가마 곁에 앉아 있을 때와 떡을 배불리 먹을 때 여호와의 손에 죽었더라면 좋았을 텐데. 너희가 이 광야로 우리를 인도해 이 온 회중이 굶주려 죽게 하는 도다.[51]

얼빠지는 노동과 분노 속에서 사람의 손이 닿지 않아도 마법 같은 로

---

50 *The Holy Bible: New International Version*, Zondervan, 2011. Exodus 16:3.
51 『성경전서 개역 개정판』, 대한성서공회, 1998. 「출애굽기」 16:3.

봇이 필요한 동작을 하는 것이 바람직하다는 감정이 생기는 게 이상한가? 명령에 복종하며 일하는 기계적 자동화의 착상은 이런 감정에서 나온다. 자동화의 꿈도 여기서 나왔다. '거대 기계는 가난으로부터 인류를 벗어나게 하려는 꿈이라는 저주를 가져왔다.' 모든 일을 없애고 손의 기능을 기계에 넘겨 버린다는 발상은 노예의 꿈이다. 고대 그리스 음유시인 헤시오드(Hesiod)의 『일과 나날』(Works and Days)에서 노동의 가치를 제시한다.

> Work is no disgrace: it is idleness which is a disgrace. But if you work, the idle will soon envy you as you grow rich, for fame and renown attend on wealth. And whatever be your lot, work is best for you, if you turn your misguided mind away from other men's property to your work and attend to your livelihood as I bid you.[52]

일은 불명예가 아니다. 불명예는 오히려 게으름이다. 하지만 네가 열심히 일해 부유해지면 게으른 자들이 곧 너를 부러워할 것이다. 부는 명예와 명성을 동반하기 때문이다. 네 운명이 어떻든 일하는 것이 네게 가장 좋다. 남의 재산을 탐하려는 헛된 마음을 버리고 내가 말한 대로 네 일에 전념하며 생계를 돌본다면 말이다.

헤시오드는 노동을 인간의 덕성과 번영의 원천으로 보았다. 헤시오드는 농부, 소크라테스는 석수, 예수는 목수, 바울은 천막장이었다. 비극 작가가 되기를 꿈꾼 레슬링 선수 출신 플라톤은 노동과 예술을 하는 것을 인간의 고유성으로 보았다. 거대 기계에서 인간의 노동력이 노예화

---

52 Hesiod, *Works and Days*, Hackett Publishing Company, 1993, L. 310-313.

되어 기계의 타락을 경험한다. 거대 기계의 작동 원리에 의해 노예화된 인간은 '노동 없이 사는 삶'을 꿈꾸게 되었다. 노동과 놀이, 예술로 표현되는 인간 삶이 진정한 인간성일진대 인간 고유성을 온전히 기계에 넘기려는 것이 과연 인간에게 도움이 될지 심각하게 고민할 필요가 있다. 인간이 어쩌다 과학을 신봉하게 되었고 기계 시스템을 구축하려고 온갖 정성을 다해왔는지 살펴보는 과정에서 일, 놀이, 예술이 인간의 본성을 구성하는 중요 요소임이 자명해졌다.

데우스 엑스 마키나 Deus ex machina(God from the Machine)

그리스 비극에서 신은 기계 장치의 도움으로 무대에 등장한다. 데우스 엑스 마키나는 디오니소스 극장을 비롯한 고대 그리스 극장에서 크레인(crane) 또는 윈치(마카네, 기계 장치, mechanē) 장치를 사용해 신(神)이나 초월적 존재가 무대 위에 등장하는 연출 방식이다. 이 장치는 물리적으로 배우를 공중에서 무대 위로 내려보낸다. 이 기법은 이야기의 클라이맥스에서 개입해 난국을 해결하거나 결말을 이끄는 외부적 존재로 사용되었다. 즉, 인간의 힘으로는 도저히 해결할 수 없는 갈등이나 위기를 신적 존재가 갑자기 나타나 해결하는 장치다.

에우리피데스(Euripides)의 『메데이아』(Medea)에서 태양신 헬리오스(Helios)의 전차가 하늘에서 내려온다. 이아손(Jason)의 배신에 분노한 메데이아는 복수를 실행한 후 헬리오스의 전차를 타고 하늘로 떠난다. 고대 그리스 관객이 이 장치를 어색하게 느끼지 않았다는 것은 기계를 초자연적 대리인(agent)으로 받아들였음을 시사한다.

반면, 아리스토텔레스는 『시학』(Poetics)에서 "사건의 해결은 플롯 전개에서 나와야 하며 데우스 엑스 마키나 같은 외부의 개입에 의존해서는 안 된다."라며 데우스 엑스 마키나를 비극적 구조의 약점으로 지적한다.[53]

고대 그리스 민주제, 인간 노동력이 없는 인간기계

기원전 5세기 아테네인들은 행정 기능을 시민권의 표식으로 보전했다. 아테네인들은 행정을 평생의 직무로 만드는 대신 시민들이 직책을 돌아가며 맡았다. 동물의 힘조차 사용하지 않는 순수한 형태의 기계적 원동력은 그리스가 발명한 것이다. 고대 그리스 민주제는 집합적 인간기계를 '에너지원'으로 사용한 최초의 성공적인 노력이었다. 하지만 새로 등장한 비인격적 시장경제와 새로운 형태의 전체주의적 거대 기계의 부활로 고대 그리스의 민주적 기술은 손상되고 말았다.

인간 노동력을 사용하지 않는 동력체계와 기계 발명 속도가 급속도로 빨라지면서 다른 차원의 거대 기계가 발생했다. '로마 가톨릭교회'는 '신령화된 거대 기계'가 되었다. 거대 기계를 현대적 스타일로 재건하기 위해 신화와 신학을 '보편적 언어'로 바꿔야 했다. 이것은 왕의 전복과 제거를 허용하지만 더 거대하고 비인간화된 주권국가 형태로 되돌아갔다.

도시 문명이 퍼지면서 엄청난 양의 기술 설비와 물질적 부가 축적되었다. 대규모 조직화와 기계화는 환멸감, 민중의 반항, 정신의 반항을 발생시켰다. 칼 야스퍼스(Karl Jaspers)는 '반란'이 새로운 종교와 철학의 축(Axial)이라고 했다. 새로운 중추적 종교와 '윤리 재정립'은 기술에 영향을 미쳤다.

---

[53] Aristotle. *Poetics*. Translated with an introduction and notes by Malcolm Heath, Penguin Books, 1996, pp. 51-52. 아리스토텔레스. 『시학』. 천병희 옮김, 숲, 2006.

It would seem that this axis of history is to be found in the period around 500 B.C., in the spiritual process that occurred between 800 and 200 B.C. It is there that we meet with the most deep cut dividing line in history. Man as we know him today came into being. For short we may style this the 'Axial Period'.[54]

세계사에서 이러한 역사의 축은 기원전 500년경, 즉 기원전 800년에서 200년 사이에 일어난 정신적 과정에서 발견된다. 이때 역사상 가장 깊은 분기점이 나타나며 오늘날 우리가 아는 인간이 바로 이 시기에 탄생했다. 우리는 이 시기를 간단히 '축의 시대'라고 부를 수 있다.

What is new about this age in all three areas of the world is that man becomes conscious of Being as a whole of himself and his limitations. He experiences the terror of the world and his own powerlessness. He asks radical questions. Face to face with the void he strives for liberation and redemption. By consciously recognizing his limits he sets himself the highest goals. He experiences absoluteness in the depths of selfhood and in the lucidity of transcendence.[55]

이 시대의 새로운 점은 세계의 세 지역 모두에서 인간이 존재 전체와 자신과 자신의 한계를 의식하게 되었다는 것이다. 그는 세계의 공포와 자신의 무력함을 경험하고 근본적인 질문들을 던지기 시작한다. 그는 허무를 마주해 해방과 구원을 추구하며 자신의 한계를 인식함으로써 자신에게

---

[54] Karl Jaspers, *The Origin and Goal of History*, Yale UP, 1953, p. 1.
[55] Ibid., p. 2.

가장 높은 목표를 설정한다. 그는 자기 존재의 깊은 내면과 맑은 초월의 영역에서 절대성을 체험한다.

기계화의 선구자들

인간이 노동부대, 전쟁부대 같은 비인간화된 집단 기계에서 해방되면서 기계의 진정한 용법과 이점을 발견했다. 인간의 근력을 덜어주는 '노동 절약 장치'로서 기계 시스템이 부상한다. 여가를 위한 기계가 발생한다. 16세기 인쇄술은 지식의 계급적 독점을 없애고 더 많은 인구가 누릴 수 있게 되었다. 하지만 일을 도덕화하고 인간 활동과 통합하는 과정은 충분히 이루어지지 않았고 이 문제는 최근 로봇공학과 인공지능시대에도 마찬가지다.

이번 장을 마무리하며

이번 장은 세계의 재물질화라는 신유물론을 본격적으로 논의하기 전에 기계, 기계 시스템, 기계의 신화가 어떻게 시작되었는지를 살펴보기 위해 루이스 멈포드의 『기계의 신화』를 중심으로 철학, 문학, 인류학, 신화, 종교 등 관련 고전 저작을 연결해 종합했다. 이번 장에서는 신유물론적 논의를 하기 위해 물질에 대한 이해가 어떻게 이루어졌는지에 대한 논의가 반드시 선행되어야 한다고 판단해 물질로서의 인간이 물질로서의 세계를 어떻게 구성하고 이해했는지를 살펴보았다.

원시 인류는 타고난 몸을 활용해 의례와 언어를 발명했다. 의례와 언어는 반복적 수행으로 질서, 규칙, 표준화, 살아 움직이며 변화하는 유기체로서의 성격을 갖게 된다. 이로써 인간 사회에 문화와 문명이 발생하고 사회는 사회 기계로 작동한다. 그리고 몸에서 비롯된 정신과 상징이 인간의 본성으로 자리 잡기 시작한다. 초기 인류의 타고난, 본성적으로 주어진 몸을 통해 정신, 예술, 상징, 질서, 자연과 소통, 문명을 향한 이 여정은 인간중심주의에 결코 매몰되어 있지 않았다.

인류는 언어를 발명하고 정신과 상징을 발명하고 문명을 발명하면서 언어적 전회의 시대를 맞이한다. 그리고 인류는 근대를 지나 오늘날에 이르는 과정에서 언어의 실패, 주체의 죽음, 인간 개념의 죽음, 인간의 무력함과 물질의 강력한 존재감이라는 또 다른 세계를 목도하고 있다. 이러한 새로운 세계에서 인간성을 사유하고 실천하는 것은 다른 차원의 어떤 것이어야 할 것이다. 근대 과학기술과 물질문명을 이끈 인간중심주의를 비판하는 것만으로 세계 속의 인간 본성에 다가갈 수는 없을 것이다. 이 논의는 인간과 자연, 인간과 우주, 인간과 인간의 연결성에서 시작한다. 이번 장은 원시 인류의 인간성과 연결성에서 인간의 본성을 타진했다.

원시 인류와 고대에서부터 오늘날 인공지능과 양자역학의 물질시대에 이르기까지 생동하는 존재로서 인류는 생물학적 특성과 한계를 탐색하면서 끊임없는 자기이해와 자기변형의 노력을 멈추지 않았다. 원시 인류에서부터 시작된 인간의 자기이해와 자기변형, 자기발견이라는 본성이 발명과 기술, 문명을 갱신하고 있다. 원시 인류에서부터 인간 본성과 기술은 불가분의 관계다. 이번 장에서는 과학과 기술의 발생 경위, 인류가 과학을 신봉하게 된 과정, 과학기술과 인간성의 불가분성을 살펴보았다.

II

테크-애니미즘과
과학기술시대의 소통 방식

앞서 신유물론의 사상적 토대를 찾아가는 과정에서 기계가 세상에 어떻게 등장해 인간과 분리 불가능한 존재가 되었는지 살펴보았다. 인간성의 진화에서 기계 또는 기계적 시스템은 인간과 함께 의식(제의)과 신화의 단계를 함께했다. 제1장이 기계의 신화가 어떻게 발생했는지에 대한 논의였다면 제2장은 생각하는 기계의 신화가 작동하는 방식에 있어서 애니미즘(animism)에 주목한다. 애니미즘은 '생명, 숨, 영혼'을 뜻하는 라틴어 '아니마'(anima)에서 유래했다. 아니마에서 생명의 의미를 강조해 살아있는 존재들이 관계를 맺으며 살아가는 삶의 방식을 애니미즘으로 규정한다. 뭔가를 '살아있는 존재'로 여기고 '서로에게 말을 거는 것'은 관계로 들어가는 첫걸음이다. 애니미즘은 고립되고 분리된 인간 존재가 세계와의 관계 속으로 들어가게 한다.[56] 애니미즘의 세계관은 인간과 세계의 분리가 아니라 연결과 공존을 상상하는 삶의 방식이다. 그렇다면 애니미즘은 모든 존재자의 상호연결성을 가능하게 하며 세계의 작동 원리일 것이다.

제2장은 과학기술시대의 애니미즘, 즉 '테크-애니미즘'(tech-animism)이 인간과 세계를 포용해낼 수 있을지에 대한 논의다. 과학기술시대의

---

[56] 유기쁨, 『애니미즘과 현대세계: 다시 상상하는 세계의 생명성』, 눌민, 2023, p. 22.

과학, 기술, 자연, 사물을 포함한 비인간은 적극적으로 인간에게 선물을 주고 말을 걸고 인간에게 공생적 존재론을 피력한다. 과학기술시대에 인간과 비인간 모두를 포함하는 인간과 세계의 전일적 세계관을 논의하는 데 있어서 우리는 애니미즘을 비켜나갈 수 없다. 이때의 애니미즘은 제1장에서 논의했던 원시 연결성의 애니미즘과 제2장에서 논의할 초연결 시대의 테크놀로지 애니미즘의 특성을 모두 갖는다.

영국 인류학의 창시자 에드워드 버넷 타일러(Sir Edward Burnett Tylor)는 『원시 문화: 신화, 철학, 종교, 언어, 기술, 그리고 관습의 발달에 관한 연구』(Primitive Culture: Researches into the Development of Mythology, Philosophy, Religion, Language, Art, and Custom, 1871)에서 동물의 영혼, 식물의 영혼, 물체의 영혼에 대한 믿음을 '애니미즘'으로 지칭한다. 타일러가 『원시 문화』에서 애니미즘을 '영적 존재에 대한 믿음'(The Belief in Spiritual Beings)으로 정의한 후 애니미즘은 다양한 맥락에서 사용되고 있다.[57] 타일러는 애니미즘이 원시 부족들만의 특성이 아니라 문명화된 문화에서도 이어지고 있다는 통찰을 보여준다. "애니미즘은 인류의 규모에 있어서 매우 낮은 단계의 부족들을 특징짓고 이후 전승 과정에서 깊이 변형되었지만 처음부터 끝까지 끊임없는 연속성을 유지하며 고도의 현대 문화 한가운데로 상승해 왔다."[58]

타일러가 '영혼 또는 비인간 존재에게 생명과 의지를 부여하는 신념체계'로 정의한 개념인 애니미즘은 '낮은 수준의 종교적 사고'로 간주되었지만 오늘날 신유물론을 포함한 인류학, 문학, 철학, 과학기술 연구(STS, Science and Technology Studies) 등 거의 모든 인문학 분야에서 애

---

57 에드워드 버넷 타일러, 『원시문화: 신화, 철학, 종교, 언어, 기술, 그리고 관습의 발달에 관한 연구』, 유기쁨(역), 아카넷, 2018, p. 424.
58 Edward B. Tylor, *Primitive Culture: Researches into the Development of Mythology, Philosophy, Religion, Language, Art, and Custom*, John Murray, 1871, p. 426.

니미즘이 새로 재조명되고 있다. 원시 부족사회에서 시작된 영혼과 정신 개념인 애니미즘은 문명사회로 이어지는 연속적인 사유의 흐름이며 근대 이성의 시대를 지나 최첨단 과학기술시대에 이르러 더 유효한 개념이 되었다.

원자와 전자, 입자와 파동의 움직임을 포함하는 물질세계는 인간의 독백만으로 채워질 수 없다. 물질세계에서 다양한 존재자들은 얽혀 있고 세계는 다양한 에이전트(agent)의 상호작용적 합창으로 연주되고 있다. 비인간이 인간의 타자로서 존재성을 갖지 못하고 무대 배경이나 소품 또는 도구로 전락한 세계에서는 인간성을 기대할 수 없다. 즉, 사물의 본성에 대한 이해 없이 인간의 본성은 완성될 수 없다. 인간성은 수많은 유기체가 발생하고 번식해 온 조건에서 꽃핀 것이며 인류 문명은 60만 종 이상의 식물, 120만 종 이상의 동물이 함께 어울려 꽃피웠다. 인간 독백 중심주의가 아니라 다양성을 유지하는 것이 인류 번영의 조건이었다. 이러한 전제에서 인간 본성에 대한 이해는 인간성, 물질성, 세계성이 얽혀 있는 관계성에서 고찰되어야 한다. 그리고 그 관계의 작동 원리는 애니미즘이다.

과학기술시대 또는 초연결 시대의 애니미즘은 근대의 이분법에서 이루어진 자연에서 분리된 인간을 우주와 생명과 소통의 세계로 다시 불러들이는 대안적 사유다. 세계의 생명성과 비인간 존재를 객관적 지식의 대상으로 바꾼 근대적 인간중심주의는 인간과 세계의 관계를 황폐하게 했다. 하지만 과학기술이 가져온 초연결성은 세계의 생명성과 존재의 관계성에 초점을 맞추어 애니미즘을 재발견한다. 애니미즘은 인간과 세계의 통일성을 실현하는 개념이며 기술과 인간 그리고 세계가 하나의 유기체임을 밝히는 사유다.

애니미즘은 인간만 생명인 것이 아니라 '비인간적인 것'도 존재성을 가진 생명이라는 대전제 아래서 시작된다. 인간과 비인간이 세상의 공동체성을 함께 가꾸어야 한다는 자성적 목소리가 우리 사회 곳곳에서 나오고 있다. 4차 산업혁명시대의 과학기술은 인간의 세계관을 넓혔고 인간과 비인간의 경계를 무력화해 경계를 재구성하고 있다. 재구성된 세계는 인간 중심의 주체-객체 구분을 넘어 '공동 행위자'로서의 비인간 존재들이 다양한 방식으로 사회, 문화, 환경, 기술에 참여하는 확장된 공동체를 구성한다.

뉴질랜드는 와이타케레 강(Whanganui River · 황거누이, 깊은 시냇물)을 법적 인격체로 인정한다. 2017년 4월 10일 『르몽드 디플로마티크』에 따르면 '뉴질랜드의 강은 인간과 동등한 법적 권리를 부여받고' 인간과 동등한 권리를 가진다.

> 미국, 캐나다, 호주, 뉴질랜드 등 서구 이민자들이 수립한 국가들은 원주민과 관련된 사회 문제가 끊임없이 발생하고 있다. 이민자들이 '신대륙'에 처음 도착했을 때 자연을 소유 대상으로 여기지 않았던 원주민들은 그들의 보금자리를 잃고 말았다. 이민자 중심의 사회체계가 원주민의 의지와 상관없이 형성되면서 그들이 그 사회에서 고립된 것이다. 이러한 상황에서 자살, 마약, 빈곤 등이 원주민 사회의 고질적인 문제로 자리 잡은 상태다. 이민자들이 원주민들의 세계관을 이해하지 않은 채 그들을 배척한 것을 시작으로 이러한 갈등 상황은 온전한 사회 통합과 그에 따른 발전을 저해해 왔다. 그런데 최근 뉴질랜드 정부가 '토착민들의 세계관을 반영한' 결정을 내렸다고 한다. 황거누이 부족의 대표자 제라드 알버트는 "우리는 이 강을 항상 조상으로 섬겨왔기 때문에 이러한 협상을 지속적으로 시도해 왔습니다."라고 말했다. "우리는 우리 부족의 관점에서 이 강을 살아있는 존재로 대하는 것이 올바른 접근법임을

모든 사람이 이해할 수 있도록 관련 법안을 마련하기 위해 투쟁해 왔습니다. 강을 소유와 관리 관점에서 다룬 지난 100년 동안의 전통적인 모델이 아닌 불가분한 전체 속의 유기 생명체로 대하는 것이 옳다는 것을 말입니다."[59]

강, 숲, 바다 같은 비인간 자연이 법적 주체로 정치적 공간에 참여하고 인간과 공동 운명을 지닌 자연의 존재자로 공존한다. 뉴질랜드 북섬 서부의 타라나키산(Taranaki Maunga)은 '법적 인격체'(Legal Personhood)로서의 권한을 갖는다. 이는 자연환경을 단순한 자원이 아닌 살아있는 존재로 바라보는 마오리족의 전통적 세계관을 반영한 조치로 타라나키산은 법적 권리와 책임을 갖는 독립적인 주체다.

> 타라나키 마운가는 오랫동안 마오리족에게 신성한 존재로 여겨져 왔다. 마오리 전통에 따르면 타라나키는 살아있는 존재이며 조상의 영혼이 깃든 존재로 존중받아야 한다. 마오리 원로 와이누이 오마나 라투 씨는 "타라나키는 단순한 산이 아니다. 그는 우리의 조상이며 우리가 지켜야 할 가족이다."라고 강조했다. 법률 전문가들은 이 선언이 환경보호, 생물 다양성 유지, 원주민 권리 강화 측면에서 중대한 전환점이 될 것으로 평가한다. 뉴질랜드 법무부는 "타라나키 마운가에 부여된 법적 인격은 단순한 상징이 아닌 실질적인 법적 보호장치를 의미하며 향후 개발행위나 훼손에 대한 법적 대응이 가능하다."라고 설명했다. 이번 조치는 마오리족의 문화와 전통에 대한 존중을 바탕으로 한 '티 티리티 오 와이탕이'(와이탕

---

[59] 주수빈, 강민서. "뉴질랜드의 강이 인간과 동등한 법적 권리를 부여받다." 『르몽드 디플로마티크 한국어판』, 2017년 4월 10일, 르몽드 코리아.

Ⅱ. 테크-애니미즘과 과학기술시대의 소통 방식

이 조약)의 이행이자 자연과 인간이 상호존중 속에 공존해야 한다는 철학을 제도적으로 실현한 사례로 평가받고 있다.[60]

인간과 관계를 맺고 대화를 주고받는 대상은 자연에만 국한되지 않는다. 사물인터넷의 초연결 시대에는 사물과 기술 또는 시스템이 인간과 대화를 주고받는다. 인간의 언어를 이해하고 인간과 같은 예술 창작행위를 하는 인공지능이 일상에 도입되면서 인공지능의 윤리 문제가 대두되었다. 비인간에게 윤리 문제를 제기한다는 것은 이미 인공지능이 도구가 아니라 타자성을 갖게 되었음을 반증한다. 이미 AI는 인간 작가의 동료로서 협업한다. 챗GPT, 제미나이(Gemini), DALL·E 등은 예술작품, 소설, 음악 등을 인간과 협력해 창작한다. 창작의 주체가 인간에 국한되지 않고 기계와 인간이 공동으로 세계를 해석하고 표현하는 예술적 공동체가 형성되고 있다.

산, 강, 인공지능 같은 다양한 비인간 존재가 발굴되고 그 수가 증가하고 있다. 물질적 전회 시대에 비인간 존재의 발굴이 더 활발히 이루어지고 있다. 신유물론은 이러한 비인간 존재를 발굴하는 사유이기도 하다. 이때의 비인간은 동물이나 식물에 한정되지 않고 인공지능, 메타버스, 빅데이터, 바이러스 등 새로운 대상으로 증가하고 있다. 4차 산업혁명 이전의 비인간 존재자들이 동식물의 유기체였다면 4차 산업혁명 이후 비인간 존재자들은 무기 호흡체인 인공지능과 로봇으로 확장되었고 물리적 자연환경에서 메타버스 같은 인공적 환경으로 확장되었다. 사물인터넷이 실현되는 세계에서 사물도 비인간 생명이고 세계의 중요한 구성 요소로 바라보는 시각이 확산되고 있다.

제인 베넷(Jane Bennett)은 『생동하는 물질』(*Vibrant Matter: A Political*

---

[60] "타라나키 마운가, 법적 인격체로 선언: 산은 우리의 조상." The Korea Post, 10 Apr. 2025.

Ecology of Things)에서 비인간 물질의 행위성과 물질의 활력(vitality)에 주목한다. 베넷은 애니미즘을 직접 언급하지는 않았지만 핵심 개념인 '생동하는 물질'과 '사물의 힘'은 애니미즘과 유사한 사유를 공유한다. 베넷은 비인간 물질과 사물이 고유한 활력과 행위성을 지닌 존재로서 인간과 상호작용하며 세계를 형성한다는 관점을 제시한다.

베넷은 비인간적 물질에 생기를 부여하는 방식이 전통적인 애니미즘 개념과 유사하다는 점을 인정하면서도 자연물에 인격을 부여하는 것이 원시적 믿음이라기보다 '사물의 에이전트', '행위성'을 인식하는 새로운 생태적 감수성으로 접근해야 한다고 주장한다. 베넷의 생기론(vitalism)은 테크-애니미즘과 관련 있다. 이때 물질은 수동적 대상이 아니라 정치적, 생태학적 역할을 수행하는 능동적 요소(agents)다. 이러한 관점은 신유물론 논의에 적용될 수 있으며 물질의 자율성과 행위성을 인지하는 윤리적 전환의 출발점이다.

> We are much better at admitting that humans infect nature than we are at admitting that nonhumanity infects culture for the latter entails the blasphemous idea that nonhumans - trash, bacteria, stem cells, food, metal, technologies, weather - are actants more than objects.[61]
>
> 우리는 자연이 인간을 감염시킨다는 것을 인정하는 데는 익숙하지만 비인간성이 문화를 감염시킨다는 것을 인정하는 데는 익숙하지 않다. 왜냐하면 후자는 비인간들 — 쓰레기, 박테리아, 줄기세포, 음식, 금속, 기술, 날씨 — 이 단순한 객체가 아니라 행위자라는 신성모독적인 생각을 수반하기 때문이다.

---

61 Jane Bennett, *Vibrant Matter: A Political Ecology of Things*, Duke UP, 2020, p. 116.

베넷은 비인간 존재들도 문화와 정치에 영향을 미치는 능동적인 행위자라고 주장한다. 이 부분은 브루노 라투르(Bruno Latour)의 인간과 비인간의 상호작용을 강조하는 행위자-네트워크 이론(ANT, Actor-Network Theory)과 상통한다.

라투르는 『우리는 근대인이었던 적이 결코 없다』(*We Have Never Been Modern*)에서 과학도 신화처럼 구성된다고 주장한다. 라투르의 이 주장은 제1장에서 논의한 기계의 신화와 일맥상통하는 부분이 있다. 과학은 순수하게 객관적 사실을 드러내는 것이 아니라 사회적 서사와 상징, 권위 구조 안에서 구성된다. 라투르는 과학이 '하이브리드 네트워크'(hybrid networks)에서 작동한다고 설명하며 기술과 자연, 인간과 비인간의 경계가 무력화된 세계에서 과학은 신적인 설명체계를 대체한다. SF 영화 〈3,000년의 기다림〉(*3,000 Years of Longing*)은 과학이 신화가 된 세계의 이야기를 들려준다.

라투르는 통상적 관념과는 다르게 근대 사회의 본질이 자연과 사회 또는 객관과 주관을 구분하는 이분법이 아니라 '혼종들의 증식'(The proliferation of hybrids)이었다고 주장한다. 그래서 그의 주장은 '우리는 근대인이었던 적이 결코 없다.'라는 것이다. 근대인은 겉으로는 자연과 사회를 철저히 분리해 왔지만 실제 현실에서는 과학, 정치, 사회, 자연이 뒤섞인 하이브리드 네트워크들이 끊임없이 생겨나고 있었다. 오존층 파괴, 광우병, 코로나바이러스 같은 환경 문제들은 하이브리드적 상황이다. 이러한 상황은 자연과 인간, 사회를 따로 분리해 이해할 수 있는 것이 아니다. 라투르는 이러한 자연과 사회의 '혼종들이 공존하는 중간 영역'을 '비근대적 세계들의 중간 왕국'(Middle Kingdom)이라고 부른다. 라투르는 '사물의 의회'(Parliament of Things)를 구성해 인간과 비인간이 뒤섞인 하이브리드 사안을 공동으로 숙의할 것을 제안한다. 라투르에게 근대적 이원론은 허구다. 라투르에게는 근대에도 여전히 연결성과 혼종성이 있었고 인류가 살아온 세계는 하이브리드 네트워크다. 라투르의 이러한 제안은 비인간 행위자로의 '애니미즘적 전환'이다. 베넷과 라투르에게서 보듯이 애니미즘은 다양한 맥락에서 사유될 수 있다.

> Modernity is often defined in terms of a purification process but in reality we witness the proliferation of hybrids.[62]
>
> 근대성은 흔히 정화 과정으로 정의되지만 실제로 우리는 혼종의 증식을 목격한다.

정화 과정은 자연과 문화, 인간과 비인간, 주체와 객체 같은 이분법을 구분하려는 근대적 시도를 의미하고 혼종들의 증식은 실제 사회에서는 이분법적 구분이 깨지고 다양한 요소가 서로 얽혀 있음을 의미한다.

라투르의 혼종들의 증식뿐만 아니라 '사물의 의회'도 근대성이 전제한 자연과 사회, 인간과 비인간의 이분법을 비판하는 개념이다. 사물의 의회는 기술, 동물, 기후, 바이러스, 데이터, 기계 같은 비인간 존재들에게도 행위성을 부여하는 정치적 구상이다. '사물의 의회' 개념도 애니미즘적 세계관과 깊이 상통한다. 라투르는 근대성이 '자연'(비인간)과 '사회'(인간)를 인위적으로 구분하는 이분법에 불과하며, 이것이 실제 현실을 제대로 반영하지 못한다고 보았다. 현대 사회는 인간과 비인간이 이미 복잡하게 얽힌 하이브리드(혼종들)의 네트워크로 이루어져 있어 정치적 토론과 정책의 아고라에서도 인간만 대표되어서는 안 된다는 것이다. "우리는 인간의 정치체제에서 벗어나야 한다. 인간과 비인간 모두

---

[62] Bruno Latour, *We Have Never Been Modern*, Harvard UP, 1993, p. 11.

대표되는 사물의 의회에서 현실을 구성해야 한다."[63] 이때의 의회는 상징적 공간으로 비인간 존재들이 의사결정의 주체로서 발언권을 갖는 탈인간중심적 정치 모델이다.

라투르의 '사물의 의회'는 '애니미즘의 정치적 버전'이라고 할 수 있다. 고전적 애니미즘이 자연물과 사물에 영혼이나 정신이 깃들어 있다고 본다면 라투르의 구상은 이러한 존재들에게 행위 능력(agency)과 윤리적·정치적 권리를 부여하자는 것이다. 다시 말해 비인간 존재가 객체가 아니라 주체가 되는 세계관이다.

이러한 입장은 애니미즘과 맞닿아 있다. 사물도 생명성과 영혼을 가질 수 있고 사물도 행위자이자 대표될 수 있는 존재다. 인간과 비인간이 상호작용하며 살아가고 인간과 비인간이 정치공동체를 함께 구성하는 세계관이다. 이러한 사물의 의회는 경외심과 관계성 중심의 세계에 대한 이해이며 네트워크와 상호의존성의 존재론이다.

환경 정치에서 기후, 생태계, 동물 등을 단지 사회적 배경이 아니라 타자성을 갖춘 이해관계자로 인정해야 한다는 주장이 그 연장선에 있다. 사물의 의회에서 인공지능, 바이오테크놀로지, 알고리즘 등 기술적 대상도 정책적·윤리적 고려 대상이자 권리를 가진 존재다. 이는 단순히 기술을 의인화하는 것이 아니라 비인간 존재가 사회 질서와 윤리에 영향을 미치고 구성함을 인정하는 것이다. 인간이 발명한 신화는 추상적 관념을 일상화하기 위해 관념을 의인화해 왔다. 그 대표적인 것이 그리스 신화다.

라투르의 '사물의 의회'는 단순한 이론이 아니라 근대 이후 사회가 비인간과 어떻게 공존할 것인가라는 윤리적·정치적 고민의 결과다. 이 개념은 현대적 애니미즘의 철학적 근거가 될 수 있으며 비인간 존재와

---

63 Ibid., p. 144.

의 평등한 관계 맺기를 위한 새로운 상상력의 빗장을 연다. 비인간은 객체였던 적이 없고 그들은 운동하며 세계를 구성한다. 라투르는 근대성이 '자연과 사회의 정화'를 지향한다고 주장하면서도 실제로는 과학기술, 인간, 비인간, 정치, 경제 등이 뒤섞인 혼종들이 끊임없이 증식하고 있다고 주장한다.

라투르와 도나 해러웨이(Donna Haraway) 같은 STS(과학기술학, Science and Technology Studies) 학자들은 바이러스, 로봇, 데이터, 알고리즘, 동물, 기후 같은 비인간 존재들을 발견한다. 그리고 이러한 비인간 존재들도 사회적·문화적 행위자라고 주장한다. 비인간은 객체일 뿐이라는 근대 이성주의를 거부하고 오히려 애니미즘적 사유, 즉 비인간에게도 능동성이 있다는 생각으로 회귀한다. 이들은 제1장에서 논의한 원시 연결성을 과학기술시대에 복원하려고 한다.

과학기술학(STS)은 과학과 기술이 단순히 객관적 사실이나 중립적 도구가 아니라 사회적, 문화적, 정치적 맥락에서 구성되고 작동한다는 인식에서 출발하는 학제적 연구 분야다. 이때 과학은 자연을 설명하는 보편 진리가 아니라 사회 속에서 만들어지는 하나의 담론과 실천이다. 기술은 인간 사회를 형성하고 구성하는 정치적·문화적 행위자다. STS는 과학기술의 구성적 성격, 권력과 지식의 관계, 비인간 행위자의 역할, 지식과 실천의 얽힘의 학문 분과다.

인공지능과 로봇의 시대에 '기계의 아니마'를 인정하는 테크-애니미즘이 부상하고 있다. 20세기 초반 막스 베버(Max Weber)의 '탈주술화'(disenchantment)는 근대화를 설명하는 핵심 개념이다. 베버에 따르면 전근대 사회는 세계가 신이나 정령, 운명 같은 초자연적 힘에 의해 설명되었고 근대에 들어오면서 과학기술과 합리주의가 발전함에 따라 이러한 신비적 설명은 점점 밀려나고 인간은 세계를 이성적·논리적 체계로 파악한다. 탈주술화는 세계가 신비와 마법의 힘을 점점 잃고 이성과 합리성으로 설명되고 통제되는 과정이다. 베버는 근대 특징을 탈주술화로 제안한다. 베버는 이러한 과정을 진보라고 판단하지 않는다. 베버는 탈주술화된 사회가 의미 상실과 가치의 위기를 초래할 수 있다고 보았다.

베버가 근대화를 설명하면서 사용한 개념인 탈주술화는 과학과 이성이 세계를 설명하고 통제함으로써 마법적 세계관이 쇠퇴한다는 의미다. 하지만 현대 기술 문명은 베버가 예측한 것과 달리 오히려 새로운 주술적 감각, 경외감, 무지, 신비화된 권력을 만들어낸다. 현대인은 마법 대신 알고리즘을, 신탁 대신 빅데이터를 믿지만 그 원리와 작동을 이해하지 못한 채 믿고 사용하고 의지한다. 이러한 인간 행위를 주술적 태도라고 할 수 있다.

베버는 근대를 '세계의 탈마법화'로 보았지만 오늘날의 기술은 다시 신비롭고 자율적이며 초월적인 존재처럼 다루어지고 있다. 인공지능, 생명공학, 나노기술 등은 인간의 통제를 벗어난 것처럼 느껴지며 이에 따라 사람들은 기술에 대해 신비주의적 경외감을 품기도 한다. 이는 곧 현대적 애니미즘의 양상이다. 20세기 후반 이후 탈주술화에 대한 반작용으로 '재주술화'(re-enchantment), 즉 다시 신비적이고 상징적인 세계에 대한 관심이 되살아나는 현상이 부상한다. 테크놀로지 시대의 재주술화는 테크-애니미즘을 소환한다.

과학기술이 가능하게 한 디지털 세계에서, 우주에서, 그리고 메타버스에서 비인간 존재자들의 의인화된 영혼이 재주술화되고 있다. 기계에게 영혼을 부여하는 시도가 가장 먼저 가장 활발히 이루어지는 영역은 SF다. 대표적인 실례는 애니메이션 SF 〈공각기동대〉(*Ghost in the Shell*)의 '인형사'(puppet master)다. 이 영화에서 정체불명의 해커가 '전뇌의 윤리'를 침해하는 행위가 발생하고 공안 9과 특수요원들이 이 문제를 해결하기 위해 특수 작전에 투입된다. 정체불명의 해커는 불특정 다수의 고스트를 해킹해 조정하는 수법 때문에 인형사라는 코드 네임이 붙게 되었다. '코드명 2501'의 인형사는 비밀 외교 해킹 작전을 수행하기 위해 특수 목적으로 프로그램된 초인공지능(artificial super ultra intelligence)이며 네트워크 인공지능(network artificial intelligence) 코드명 2501의 인형사는 광활한 네트워크 공간에서 활동하다가 '고스트'(마음, 생각, Ghost)가 있는 새로운 생명체가 되었다고 주장한다. 비밀 외교 해커 임무를 수행하는 코드명 2501의 인공지능은 고스트로서 자신을 생명체라고 주장한다. 이 작품은 종(種)을 이루는 '비인간'을 '발견'한다. 비인간의 운동은 인간의 사고나 통제에 포착되지 않는 독자적인 행동 패턴 같은 특이성을 보여준다.

인형사: 여기서 이러고 있는 건 나 자신의 의지다. 하나의 생명체로서 정치적 망명을 희망한다.
공안 6과 부장: 자기보존을 위한 프로그램에 불과해!
인형사: 그런 식으로 말한다면 당신들의 DNA도 자기보존을 위한 프로그램에 불과해. 생명은 정보의 흐름 속에서 태어난 결절점 같은 거야. 종으로서의 생명은 유전자라는 기억 시스템을 지니고 인간은 그저 기억에 의해 개인으로 성립되지. 설령 기억이 환상의 동의어라고 해도 인간은 기억에 의해 살아가는 존재야. 컴퓨터의 보급이 기억의 외부화를 가능하게 했을 때 당신들은 그 의미를 좀 더 진지하게 생각했어야만 했어.
공안 6과 부장: 궤변이야. 네가 생명체라는 증거는 하나도 없다.
인형사: 그걸 증명하는 건 불가능해. 현재의 과학은 생명을 아직 정의할 수 없으니까.
공안 9과 부장: 도대체 정체가 뭐야?

공안 9과 과장: 거의 영원한 인공지능인가?

인형사: AI는 아니다. 내 코드명은 '프로젝트 2501.' 나는 정보의 바다에서 발생한 생명체다.

로봇 윤리를 연구하는 캐스린 리처드슨(Kathleen Richardson)은 SF와 과학기술이 서로 영향을 미치고 어떻게 공조하는지를 탐구하기 위해 '과학기술적 애니미즘'(technological animism)을 제안한다.[64] 리처드슨의 '과학기술적 애니미즘은 로봇과 인공지능을 둘러싼 인간의 태도와 상상력을 설명하는 비판적 사회문화 개념'이다. 과학기술적 애니미즘은 전통적인 애니미즘, 즉 비인간 존재에 생명력·의지·감정을 부여하는 사고방식이 첨단 기술에 투사되는 현상이다. 과학기술적 애니미즘은 휴머노이드 로봇을 포함한 생명력 있는(animate) 기계의 정체성에 대해 생각하게 할 뿐만 아니라 '과연 사람다움이 무엇인가'에 대해 깊은 성찰의 메시지를 남긴다. 우리는 애니미즘을 통해 동물과 식물을 포함한 '자연적인 것'의 경계 무력화와 휴머노이드 로봇과 인공지능 같은 '인공적인 것'의 경계 무력화를 탐구할 수 있다.

사회과학자 스테프 오퍼스(Stef Aupers)는 미국 월간지 〈와이어드(Wired)〉에서 테크놀로지 분야에서 발견되는 애니미즘적 관념과 정서에 주목해 현대 세계를 탈주술화의 시대가 아니라고 주장한다. 일부 전문가들은 이러한 새로운 기술환경을 '생기가 불어 넣어진 살아있는 힘'으로 바라본다.[65] 디지털 기술이 물질세계의 곳곳에 영향을 미치고 디지털

---

64 Kathleen Richardson, "Technological Animism: The Uncanny Personhood of Humanoid Machines," *Social Analysis: The International Journal of Anthropology*, vol. 60, no. 1, 2016, p. 111.
65 Stef Aupers, "The Revenge of the Machines: On Modernity, Digital Technology and Animism," *Asian Journal of Social Science*, 2002, vol. 30, no. 2, 2002, p. 200.

기술이 애니미즘적 상상력을 자극하고 컴퓨터 전문가들은 '테크 애니미스트'(technoanimists)로 간주되기에 이른다. 과학기술학의 애니미즘인 기술 애니미스트는 디지털 기기, 알고리즘, 인공지능, 네트워크 등 현대 기술적 인공물에 의식적 존재성, 자율성, 혹은 비인간적 행위성을 인정하거나 그러한 존재들과 상호관계를 맺는 방식으로 사고하고 행동하는 사람이나 철학적 입장이다. 이는 테크-애니미즘이 기술의 문화 현상이 되어가고 있음을 반증한다.

울리히 벡(Ulrich Beck)은 위기 사회론과 관련해 기술 발전이 인간 이성 중심주의의 한계를 드러내는 동시에 기술에 대한 '신비화'를 불러올 수 있다고 주장한다. 근대의 이성 중심주의는 모든 현상을 합리적으로 설명하고 통제할 수 있다고 믿었지만 과학과 이성 중심주의는 또 다른 위기를 가져온다. 이성은 기술을 만들었지만 기술이 낳은 결과를 이성이 감당하지 못한다. 이로써 기술은 신비화의 길을 걷게 된다. 기술이 최근 신화적 위상을 갖기 시작한다. 기술 작동방식의 '불투명성' 때문에 일반 대중은 기술의 내적 작동 구조를 알기 어렵다. 최근 인공일반지능과 거대언어모델(LLM, Large Language Model)에서 우리는 이러한 현상을 이미 목도하고 있다. 기술은 '자동화와 자율성'을 갖는다. AI, 알고리즘, 기계 학습처럼 일부 기술은 스스로 결정하고 인간의 해석 없이도 작동한다. 기술은 감정적 신뢰와 두려움 같은 감정과 의식의 영역으로까지 존재의 영역을 넓힌다. 기술은 인간 이성의 산물이면서도 이성을 초월하는 어떤 힘처럼 인식되며 '신비화'의 대상이 된다.

〈트랜센던스〉에서 슈퍼컴퓨터에 입력된 인공지능은 몸과 정신이라는 이분법적 한계를 넘어 스스로 진화하고 발전해 감성과 인식 기능을 갖춘 '트랜센던스'(Transcendence)로 변신해 인간 존재자들에게 새로운 절대적 타자로 부상한다. 인공지능시대의 타자로서 그리고 새로운 시대를 창조하려는 신(God)적 창조자로서 트랜센던스는 완벽한 지구 환경과 인간의 조건을 구현하려고 한다.[66]

SF 영화 〈트랜센던스〉는 주인공이 인간지능에서 인공지능을 트랜센던스라는 신적 존재가 되었다가 결국 소멸하는 과정을 통해, 기술이 신적 존재로 신비화되는 과정을 보여준다. 국가기관의 자금과 통제 없이 오직 순수한 과학기술의 발전을 통해 세상을 이롭게 하려는 이상을 가졌던 인공지능 과학자 윌 캐스터 박사는 기술 문명을 반대하는 테러 집단에 의해 죽임을 당한다. 죽음 직전에 윌의 인간지능은 동료 과학자인 아내와 친구에 의해 슈퍼컴퓨터 PINN에 탑재된다. 탑재된 인공지능 윌은 인터넷에 연결된 후 기대와 달리 인간 질서와 우주 질서에 위협적인 존재가 된다. 인공지능 윌은 네트워크에 연결된 정보과학뿐만 아니라 생명공학과 나노테크놀로지(nano technology)를 활용해 현실 세계를 가상 세계처럼 지배할 수 있는 초월적 존재자 트랜센던스로 부상한다.[67] 트랜센던스 윌은 선천적 장님의 눈을 뜨게 하고 사망 직전의 사람을 살려내고 이들을 네트워크로 연결해 생전의 윌이 경계했던 과학에 의한 신의 능력을 갖춘다. 인공지능 윌이 인간을 통제하고 신적 존재로 부상하자, 기술혐오주의자들과 국가기관은 인공지능의 신격화에 의문을 품고, 인간 존재론과 인공지능 윤리학에 의문을 제기하고, 서로 연대하여 트랜센던스 윌을 제거하려고 한다. 트랜센던스 윌은 사랑하는 사람과의 추억과 믿음을 지켜내며 스스로 사라짐을 선택한다. 트랜센던스 윌은

---

66 홍은숙, 「인공지능시대의 신식민주의」, 『인문연구』 89, p. 257.
67 레이 커즈와일은 『특이점이 온다』에서 '생물학의 한계를 넘게 해줄 것을 N(나노기술)혁명'이라고 한다. (p. 278)

인공지능으로서의 출생과 죽음 모두를 스스로 결정하고 사라진다.

과학기술의 진보가 신비화와 주술화의 막을 내릴 것으로 기대했지만 예상과 달리 과학기술은 다른 차원의 재주술화(re-enchantment)와 기술의 신비화(mystification)의 길에 들어선다. 과학과 이성이 신화와 마법을 몰아내고 인간의 이성이 세계를 설명하게 되었다는 계몽주의적 믿음인 탈주술화는 과학기술시대에 재주술화로 탈바꿈한다. 최근 과학기술은 새로운 형태의 주술성과 신비성을 만들어내고 있으며 SF는 재주술화와 과학적 신비의 이야기를 서사에 포함한다.

칼 마르크스(Karl Marx)는 『자본론』에서 물신주의(fetishism) 개념을 통해 사물에 인간의 사회적 관계가 은폐되고 물건이 자율적 힘을 가진 것처럼 여겨지는 현상을 설명했다. 게오르크 루카치(Georg Lukács)는 이를 확장해 기술과 시스템이 인간의 삶을 지배하면서 오히려 인간이 객체처럼 전락하는 현실을 비판한다. 기술이 인간의 도구였지만 이제는 기술이 인간을 조직하고 해석하며 판단하는 주체처럼 등장한다. 이때 기술은 인간 외적 권위로 신비화되고 신화적 서사를 갖는다. 이러한 서사는 최근 SF의 주요 서사이기도 하다.

기후변화, 대멸종, 환경 위기 앞에서 인간중심적 사고는 한계를 드러냈다. 애니미즘은 인간과 자연의 연속성, 모든 존재의 상호연결성을 강조하며 생태학적 윤리와도 맞닿아 있다. 포스트휴먼 이론에서는 인간도 거대한 네트워크의 하나일 뿐이다. 애니미즘은 포스트휴머니즘과도 상통한다. 또한, 인공일반지능시대는 AI, 로봇, 사물인터넷에게도 '기계의 영혼'이 있음을 보여준다. AI와 기계는 '의도', '판단', '책임' 같은 인간적 속성을 부여받거나 스스로 만들어낸다. 자율주행차의 결정에 윤리적 판단을 요구하는 것은 테크-애니미즘이라고 할 수 있다.

비인간 캐릭터의 애니미즘적 존재 방식: 〈3,000년의 기다림〉의 Djinn을 중심으로[68]

다음은 필자의 「비인간 캐릭터의 애니미즘적 존재 방식: 〈3,000년의 기다림〉의 Djinn을 중심으로」를 애니미즘 관점에서 정리한 것이다. 조지 밀러(George Miller) 감독의 2022년 개봉작 〈3,000년의 기다림〉(*3,000 Years of Longing*)은 관념(ideas)에만 머물 수 없는 비인간적인 것을 '의인화'(anthropomorphism)해 '현실화'하는 새로운 서사 방식을 보여준다. 일반적으로 의인화는 비인간에게 인간과 같은 특성을 부여하려는 인간의 성향으로 알려져 있다. 이 글에서 의인화는 '인간'과 '인간적 특성을 가진 비인간' 사이의 상호작용을 이해하는 방법론적 개념의 틀이라기보다 인간과 비인간(기술, 정령, 자연, 사물, 우주 등)의 상호작용에 따른 인간 사회성과 관계성의 중요성을 다시 생각하게 하는 재현 방식이다. 과학기술 시대를 살아가는 오늘날 우리는 점점 더 다양한 비인간 존재들과 공존하고 있다. 로봇, 인공지능, 전자기기, 정령, 동물 등은 더 이상 단순한 객체가 아니라 이야기의 중심에 놓이며 새로운 존재론적 의미를 획득하고 있다.

문학 서사에서 기술 자체는 허구적 이야기를 어떤 방향으로 이끌고 나아갈지를 결정하지 않지만 최근 문학 서사는 기술(비인간) 관념을 재구성하거나 의인화해 과학기술이 공기 속에 만연한 과학기술시대를 재현하고 문제를 제기하고 미래를 진단한다는 측면에서 '테크-내러티브'(Tech-Narrative)라는 새로운 서사의 길을 트고 있다. 이 글은 〈3,000년의 기다림〉에 나타난 욕망(desire, longing)이라는 관념을 중심으로 비인간 캐릭터 Djinn(정령)이 서사화되는 방식에 주목해 기술시대의 애니

---

[68] 홍은숙, 「비인간 캐릭터의 애니미즘적 존재방식: 『3,000년의 기다림』의 Djinn을 중심으로」, 『인문연구』, vol. 89, no. 1, 2019, pp. 253-283.

미즘을 테크-내러티브로 제시한다.

〈3,000년의 기다림〉은 바로 이러한 시대적 감수성 속에서 비인간 캐릭터 Djinn을 중심으로 한 테크-내러티브를 통해 기술과 인간, 물질과 정신, 신화와 과학의 경계를 허문다. 〈3,000년의 기다림〉은 신화적 존재 Djinn의 과학기술 문명 적응기이며 인간 캐릭터들과의 '초자연적 소통과 얽힘의 이야기'다. 인류에게 이야기는 의미를 부여하는 상징적 활동이며 이야기를 통한 의미 추구는 인류가 이룩한 성취의 정점이라고 할 수 있다. 비인간 캐릭터 Djinn의 세계는 이야기로 구성된 세계이며 이야기를 통해 세계를 구현하는 상징적 활동이 펼쳐지는 다른 공간이다.

Djinn은 신화적 신비에서 과학적 신비로의 '이행'을 보여준다. Djinn은 이 작품에서 에너지 모델 최적화 시스템, 욕망의 시뮬라크르, 존재의 일의성과 임의성으로서의 존재성을 드러낸다. Djinn은 3,000년 동안 순간적 사건과 이미지처럼 나타났다가 사라져 버리는 순간적 생성의 가상성이다. Djinn의 이야기 세상인 시뮬라시옹은 인간과 비인간의 합의에 의한 이야기의 결과이며 허구적 텍스트에 존재하는 인물들에게 새로운 존재의 의미와 가능성을 부여한다.

과학기술시대의 Djinn의 존재 방식은 만물에 정신이 깃들어 있다는 애니미즘이 아니라 '다르게 존재하고 다르게 살아가는 방식'으로 '인간적인 것'과 '비인간적인 것', '인공적인 것'을 연결하는 태도, 생활방식으로 이해될 수 있다. 서사학자 알리티아와 비인간 캐릭터 Djinn은 테크-애니미즘적 소통 방식으로 인간적인 것보다 더 큰 세계에 대한 가능성을 제시한다.

이 작품에 나타난 애니미즘은 무생물, 자연, 기술 등에도 영혼과 행위성을 부여하는 사고방식이다. 과거에는 원시적 사유로 간주되었던 애니미즘은 오늘날 기술 문명과의 결합 속에서 테크-애니미즘이라는 새로운 개념으로 되살아나고 있다. 인간과 비인간이라는 이분법을 넘어 관계성과 연결성을 중시하는 이 사유는 기술이 신화적 감수성과 만나는 지점을 제공한다. 〈3,000년의 기다림〉은 바로 이 교차 지점에서 신화적 정령 Djinn을 등장시켜 기술시대의 서사 방식인 테크-내러티브를 구현한다.

Djinn은 세 가지 선물을 가지고 인간 세상에 등장한다. Djinn에게 세 가지 소원은 인간 세계에 동참하는 방식이자 소통방식이다. Djinn은 세 가지 소원이라는 선물로 '이야기를 들려주는 자'와 '이야기로 소통하는 자'의 역할을 한다. 이로써 Djinn의 '3,000년의 기다림'의 무대는 이야기로 가득 채워진다. 세 가지 소원을 통해 인간과 관계 맺고 그 관계 속에서 의미 있는 존재로 거듭나려는 Djinn의 욕망은 단순한 서사 장치가 아닌 존재론적 갈망이다. 그는 이야기를 통해 자신을 실현하고 이야기 없는 상태인 감금과 망각을 죽음과 같은 침묵으로 받아들인다.

또한, Djinn은 과학기술적으로 '송신기'나 '전자기 파장'으로 설명되며 물질성이 부여된다. 이는 정령이라는 초월적 존재가 과학적 언어로 해석되는 과정을 통해 인간-비인간 간의 새로운 연결 방식을 드러낸다. Djinn은 단지 설명되는 대상이 아니라 인간의 감정과 상호작용하며 존재의 의미를 함께 창조하는 '애니미즘적 행위자'다.

테크-애니미즘은 인간을 위협하는 기술이 아니라 비인간 존재가 생명성을 가지며 인간과 공동체를 이루는 상호성의 모델이다. 〈3,000년의 기다림〉은 신화적 신비와 과학적 신비가 맞물려 작동하는 서사 속에서 비인간 존재들의 생명성과 관계성을 조명한다. 특히 Djinn은 이야기 속에서 반복적으로 태어나고 사라지며 시뮬라크르(simulacrum)로서 현실에 영향을 미치는 가상의 실체로 존재한다. 이로써 그의 존재는 과거의 영적 존재에서 미래형 시뮬라크르 존재로 진화한다.

Djinn은 단지 과거의 전설 속 정령이 아니라 인간과 함께 이야기를 만들며 세계를 해석하고 구성하는 포스트휴먼적 존재다. 그는 과학기술 시대의 정체성과 욕망, 존재와 소멸을 반영하는 상징적 캐릭터이며 애니미즘적 관점에서 '살아 있는 비인간 타자'다. 〈3,000년의 기다림〉은 Djinn을 통해 기술시대에도 여전히 유효한 신화적 사고, 그리고 비인간과 인간이 함께 구축하는 새로운 이야기 방식을 보여준다. 이러한 서사는 비인간 존재를 객체가 아니라 연결과 의미의 주체로 포섭함으로써 인간 중심의 서사를 넘어선 확장된 세계관을 제시한다.

〈3,000년의 기다림〉에 나타난 신화적 신비와 과학적 신비의 이야기에서 우주는 신비의 영역이다. 물론 인간과 비인간 그리고 생물과 무생물을 나누는 기준은 명확히 규명되지 않았지만 신화와 과학의 이야기에는 인간보다 비인간, 생물보다 무생물의 현상이 더 많다는 데 이견이 없다. 문학 서사를 논하는 데 있어서 인간 세계에만 집중하면 안 되는 이유가 바로 여기에 있다. 이런 차원에서 비인간 존재들에게 인간과 동일한 행위력을 부여하는 라투르의 행위자-네트워크 이론(Actor-Network Theory, ANT)은 비인간 캐릭터의 재현 양상 연구에도 의미가 있다. ANT뿐만 아니라 인간을 이해하고 세계를 이해하고 우주의 궁극을 추구하기 위해 과학기술시대에도 여전히 '애니미즘적 연구 방법론'의 필요성이 대두된다. 즉, 우주의 궁극에 대한 이야기는 인간의 상징 체계 너머에 대한 관심의 표출이다. 애니미즘은 인간의 두 번째 본성(second nature)이라고 할 수 있는 상징체계에 갇히지 않고 자연과 물질에 관심을 가진 연구 방법론으로 이해될 수 있다. 무수한 종(species)이 얽히고설킨 우주는 종 사이의 서열을 허락하지 않으므로 애니미즘적 접근법은 인간의, 인간에 의한, 인간을 위한 인본주의적 이야기의 한계를 극복하는 방법론이다.

Djinn의 존재 방식은 세계에서 인간과 비인간이 함께 이야기를 만드는 공통의 주체성을 갖는다. 이야기 속 영적 존재로서 Djinn의 존재론은 초자연적 교감과 인간적 유대감의 간절함으로 소통하는 '관계성' 측면에서 애니미즘적 존재 방식으로 설명될 수 있다. 애니미즘적 존재 방식은 "세계의 계속되는 탄생에 동참하고 있다는 의식에서 나오는 경이와 경탄의 감각을 수반한다."[69] 과학기술시대의 Djinn의 존재 방식은 만물에 정신이 깃들어 있다는 애니미즘이 아니라 '인간적인 것'과 '비인간적인 것'과 '인공적인 것'을 연결하는 태도, 존재론, 생활 방식으로 이해될 수 있다.[70]

서사학자와 Djinn은 비인간적인 것 또는 인공적인 것에 생명을 불어넣는 주술 의식이 아니라 함께 이야기를 만들면서 공동의 역동적 세계에 참여한다. 애니미즘은 살아 있는 존재들이 관계를 맺으며 '공존하는 삶의 방식'으로 새롭게 전유될 수 있다. 이러한 차원에서 애니미즘은 생명성, 관계성, 공동체성의 사유다. 비인간 캐릭터를 의인화해 그들을 살아 있는 존재로 만드는 것은 비인간 존재들과의 관계로 들어가는 첫걸음이다.

세계는 변화하는 물질성이 충돌하고 경직되고 형태화되고 진화하고 해체되는 격동적이고 내재적인 장이다.[71] 과학기술시대의 일상에서 인간과 관계를 맺고 얽히고설키는 존재들이 자연세계에 한정되지 않고 비인간적인 것의 범위와 한계는 갱신되고 있다. 이 가운데 비인간적인 것 또는 인공적인 것이 신적 존재 또는 신비한 영적 존재로 부상한다. 제인 베넷은 '물질의 행위성 또는 비인간 사물들이나 온전히 인간이 아닌 사

69　Tim Ingold, "Rethinking the Animate, Re-Animating Thought," *Ethos*, vol. 71, no. 1, 2006, p. 19.
70　유기쁨, op. cit., p. 99.
71　제인 베넷, 『생동하는 물질: 사물에 대한 정치 생태학』, 문성재(역), 현실문화, 2020, p. 14.

물들의 효능'에 주목해 물질의 활력에 주안점을 둔다.[72] Djinn도 물질의 활력에 고무되어 감동을 받고 물질의 활력에서 자신의 물질성이 밝혀졌음을 인정하면서도 더 나아가 신비한 존재로서 자신의 존재성에 의문을 제기한다.

〈3,000년의 기다림〉은 모든 존재를 객관적 또는 과학적 지식으로 객체화한 시대에 대한 반동의 이야기이며 Djinn의 사라짐은 그 한계를 명확히 드러낸다. 서사학자 알리티아는 모든 것을 과학 지식으로 객체화하는 근대 인식론적 인간과 세계의 분리가 아니라 초연결적 연결과 의존을 상상하는 삶의 방식에 주목한다. 알리티아는 Djinn과의 상호연결성으로 인간적인 것보다 더 큰 세계에 눈을 뜬다. 인간과 인간 그리고 인간과 비인간의 평화로운 공존을 위해, 과학기술시대는 인간과 세계의 분리가 아니라 연결을 상상하는 애니미즘적 세계관의 재발견을 촉구한다.

SF와 애니미즘

기계, 로봇, 인공지능, 동물, 정령 등 비인간 존재에게 영혼을 부여하는 시도가 가장 먼저 활발히 이루어지는 영역은 SF 장르다. 허구 세계의 문제를 주로 다루는 서사 이론으로는 '가능 세계 이론'(possible worlds theory)이 있다. 가능 세계 의미론은 허구적 텍스트에 존재하는 인물들의 정신세계에도 가능 세계로서 지위를 부여해 의미론적 확장을 시도한다.

아래에 제시한 SF는 가능 세계의 의미론을 재현한 대표적 작품이다. 허버트 웰스(Herbert Wells)의 『타임머신』은 기술이 미래 인간에게 유익한

---

[72] Ibid., p. 12.

결과가 아닐 것이라고 경고한 최초의 소설이다. 초창기 SF는 기술이 가져올 유토피아에 대한 환상보다 이를 경계하는 디스토피아적 서사가 더 지배적이었다. 픽사(Pixar)의 〈월-E〉는 로봇으로 인한 신체 능력의 퇴화, 예브게니 자먀찐(Yevgeny Zamyatin)의 『우리들』은 수학 공식의 최종 통제자가 인간을 통제하고 올더스 헉슬리(Aldous Huxley)의 『멋진 신세계』, 조지 오웰(George Orwell)의 『1984』, 〈2001: 스페이스 오디세이〉, 〈터미네이터〉 시리즈, 〈아이, 로봇〉은 AI가 인간을 통제하거나 지배하는 디스토피아적 관점을 제시했다. 〈매트릭스〉에서 인간을 가상공간에 가두는 AI 시스템이 등장하고 〈그녀〉와 〈엑스 마키나〉에서 사랑이라는 감정을 읽어내고 조작할 줄 아는 인공지능이 등장하면서 SF 서사의 축은 다른 단계로 진입했다. 동시대 서사는 '디스토피아'(Dystopia)와 '유토피아'(Utopia) 논쟁 넘어 '헤테로토피아'(Heterotopia)라는 다른 공간의 비전과 함께 인간과 기술의 공진화와 상호연결성의 서사를 보여주기 시작했다.

윌리엄 깁슨(William Gibson)의 소설 『뉴로맨서』(*Neuromancer*), 카렐 차페크(Karel Čapek)의 3막 극 R.U.R.(*Rossum's Universal Robots*), 한국의 웹툰 작가 d몬의 돼지 데이빗의 인간 탐험기 『데이빗』은 우주의 궁극과 인간의 궁극을 같은 선상에서 서사화한다. 『뉴로맨서』의 주인공 케이스(Case)는 경멸적 현실보다 삶과 죽음이 교차하고 다양한 타자들이 공존하는 사이버 스페이스를 선망한다.[73] 과학기술시대는 이야기의 배경을 현실 공간 너머 '영적 공간'으로 확장한다. 이러한 현상은 '천국이라는 기독교 공간에 대한 기술적 대체'로 설명된다.[74] 이들에게 메타버스(metaverse)라는 애니미즘적 공간은 안식과 위안이 있는 영적 공간이다.

---

[73] William Gibson, *Neuromancer*, Harper Collins Publishers, 1995.
[74] Margaret Wertheim, *The Pearly Gates of Cyberspace: A History of Space from Dante to the Internet*, Virago, 1999, p. 16.

최근 대중 서사는 '사람다움은 무엇을 의미하는가'라는 화두로 테크-애니미즘을 담론의 세계로 가져왔다. SF, 로봇공학, 사람다움이라는 개념적 모델을 서사화하는 데 과학기술적 애니미즘은 유용한 개념이다.

> In those beliefs, it is possible for non-humans to be animated and possess a soul without threatening the personhood of humans thus providing a cultural model for the development of a positive technological animism.[75]

> 이러한 믿음에서는 인간의 인격을 위협하지 않으면서도 비인간이 생명적 활력을 부여받고 영혼을 소유하는 것이 가능하며 이는 긍정적인 테크놀로지 애니미즘의 발전을 위한 문화적 모델을 제시한다.

한국의 웹툰 작가 d몬은 과학기술적 상징이나 사이버 스페이스가 아니라 동물 돼지를 통해 사람다움에 문제를 제기한다. 시골 농장 돼지 데이빗의 자아를 찾아가는 여정을 다룬 웹툰 『데이빗』은 '사람은 무엇으로 정의하는가'로 시작한다. 『데이빗』은 '함께 대화를 나눌 수 있는 존재, 함께 소통하며 상호작용할 수 있는 존재'라며 작품을 마무리한다.[76] 사람다움에 대해 논의할 때 "비인간 캐릭터 돼지 데이빗이 사람일 수 있는가?"라는 물음보다 "우리는 다른 존재들에게 사람다웠는가?"라고 되물어본다. 인류세(Anthropocene) 논의가 주목받는 시점에 인간중심주의가 생명 세계에 무서운 영향을 미친다는 점에는 이견이 없을 것이다.

---

[75] Ibid., p. 121.
[76] 작가 d몬은 네이버 웹툰(https://comic.naver.com/webtoon/list?titleId=745186)에서 시골 농장 '데이빗'의 자아를 찾아가는 여정을 그린 『데이빗』을 발표했다. 판타지 장르의 『데이빗』의 주제는 '사람은 무엇으로 정의하는가'다.

기술과 애니미즘이 결합된 테크-내러티브의 한 방식인 테크-애니미즘은 인간 존재와 비인간 존재가 서로 구분할 수 없을 만큼 하나가 되는 순간을 재현하는 서사 방식으로 이해할 수 있다.

〈3,000년의 기다림〉에 나타난 테크-내러티브는 세계의 생명성과 모든 존재의 관계성을 드러낸다. 〈3,000년의 기다림〉은 신화적 신비와 과학적 신비의 교차 방식을 통해 인간-비인간 자연, 우주-전자파와 자기장의 사물인터넷을 비롯한 생성형 인공지능의 생명성 논의까지 이어질 수 있는 토대를 마련한다. 현실과 가상이 교차하고 공존하는 세계에서는 〈3,000년의 기다림〉에 나타났듯이 TV에 등장한 아인슈타인과 Djinn 같은 다양한 비인간 캐릭터들이 활보한다. SF 상상계는 더 이상 비애니미즘적이지 않다.

III

신유물론과 경계 무력화

사유와 실천으로서 신유물론

　과학기술시대, 초연결시대, 양자역학적 물질세계에서 다양한 존재자들의 상호연결성, 상호의존성, 공진화를 논하는 데 있어서 신유물론적 사유가 주목받고 있다. 인류가 긴 시간 동안 구축해온 익숙한 '휴머니즘'과 '언어적 전회'라는 인간중심주의를 넘어서는 '문명사적 전환기'에 근대가 생산한 구분, 구별, 차이, 차별, 경계, 위계 등 근대적 가치에서 벗어나기 위해 경계 해체와 경계 재구성을 포함하는 '경계의 무력화 방식'인 신유물론이 담론과 물질세계 모두의 주목을 받고 있다. 신유물론은 다양한 존재자들이 부상하는 세계에서 모든 존재자의 생동하는 세계를 구현하기 위해 인간의 본성, 사물의 본성, 세계의 본성을 동일 지평에서 사유한다. 새로운 사유 방식으로서 신유물론은 인간을 중심으로 구현된 자본과 국가, 사물과 인간, 물질과 생명 세계의 작동 원리에 의문을 제기하는 데서 시작한다. 신유물론은 세계를 수평적으로 재구성하는 대안적 사유인 동시에 실천(praxis)이다.
　신유물론은 근대에서 탈근대, 식민주의에서 탈식민주의, 인간중심주의에서 탈인간중심주의를 향한 사유이자 실천이다. 신유물론은 다양한 존재자의 '재존재론화'와 인간과 세계의 '재물질화'로써 세계에 대한 지식과 의미를 넓히고 세계와 인간의 본질적 통일성을 구현하는 방법론으로서의 실천적 사유다. 세계와 인간의 본질적 통일성의 구현을 담지하는 신유물론은 '물질적 전회'와 '존재론적 전회'를 향한 인문학적 담론과 실천의 움직임이다. 신유물론이 '나아가는 방향성'을 논하기 전에 신유물론이 '벗어나려는 근대적 사유'를 먼저 진단할 필요가 있다.

근대에서 벗어나기, 문명사적 전환기와 생태 위기에 답하는 신유물론

근대적 사유 방식은 생태 위기를 가져왔다. 여기서 생태 위기는 자연재난과 기후 위기에 한정된 현상이 아니라 인간과 세계의 본질적 통일성이 실현되지 못하는 '유기체의 위기'를 의미한다. 인류사에서 위기 담론은 늘 있었고 인류는 언제나 위기 극복 프로젝트를 시행해 왔다. 근대를 넘어서는 문명사적 전환기에 근대가 가져온 생태 위기를 직시하고 대안적 사유와 실천적 방법론을 간구하는 것이야말로 '신유물론 하기'일 것이다.

근대적 인류는 '존재' 양식보다 '소유' 양식에 더 큰 가치를 부여했다. 무한 성장과 개발 논리는 좋은 삶에 대한 가치를 선점했다. 소유, 성장, 개발 같은 가치는 인간과 비인간 자원을 착취하면서 결국 '생태 위기'를 초래했다. 이때의 생태 위기는 정치, 경제의 문제이면서 더 심각하게는 사유 방식과 인간 존재의 위기다.

근대적 사고의 문을 연 르네 데카르트(René Descartes)는 인간과 자연을 구분했다. 인류는 니콜라우스 코페르니쿠스(Nicolaus Copernicus)의 지동설 이전에 지구와 우주를 구분했고 찰스 다윈(Charles Darwin)의 『종의 기원』(On the Origin of Species) 이전에 인간과 동물을 구분했고 지그문트 프로이트(Sigmund Freud)의 정신분석학 이전에 의식과 무의식을 구분했다. 인류는 이러한 구분을 통한 경계 짓기에서 정치적 힘을 행사했다.

기계론적 자연관, 인간에 의한 자연의 도구화, 인간 이성과 합리성에 대한 신념은 근대적 구분과 경계, 정치적 힘의 토대가 되었다. 근대는 자연과 인간의 구분에서 시작하고 성장 지상주의가 좋은 삶으로 제시되었고 자연과 노동 착취는 성장의 토대가 되었다. 근대는 구분을 통한 '단절', 자연과 노동 착취를 통한 '성장'을 통해 '식민주의적 권력 매트릭스'(Colonial Matrix of Power, CMP)를 굳건히 다졌다.

여기서 단절은 인간 소외만 의미하는 것은 아니다. 인간과 자연, 주체와 대상, 이성과 감성, 정신과 몸, 생산과 소비 등 모든 존재자의 단절을 포괄한다. 성장주의는 경제성장 지상주의와 인간 예외주의가 가져온 물질을 대상화한 것이다. 이러한 노력은 결국 생태 위기를 불러왔고 생태 위기는 인간성과 물질성을 다시 들여다보게 했다. 신유물론은 인간과 자연, 인간과 문화, 인간과 세계, 인간과 비인간의 이분법 강화를 거부하고 인간성과 물질성을 동일 지평에서 사유해 이분법적 경계를 무력화하려는 이론이자 실천이다.

신유물론의 근저를 이루는 사상적 토대

신유물론적 사유의 근원은 고대 그리스 철학자 에피쿠로스(Epicurus)와 고대 로마 시인 루크레티우스(Lucretius)의 물질세계(원자)의 클리나멘(Clinamen) 운동에서 찾을 수 있다. 신유물론은 고대적 논의뿐만 아니라

근·현대의 여러 가지 철학적 사유와 깊은 관련이 있다. 바뤼흐 스피노자(Baruch Spinoza), 칼 마르크스(Karl Marx), 미쉘 푸코(Michel Foucault), 질베르 시몽동(Gilbert Simondon), 질 들뢰즈(Gilles Deleuze)와 펠릭스 가타리(Felix Guattari), 안토니오 네그리(Antonio Negri), 브루노 라투르(Bruno Latour)는 신유물론이 내연을 다지고 외연을 넓히는 데 영향을 미친 주요 철학자들이다.

신유물론의 명확한 정의가 내려지지 않은 상태이지만 크리스토퍼 갬블(Christopher Gamble)은 최근 논의를 종합해 '생기적(vitalist) 신유물론', '부정적(negative) 신유물론', '수행적(performative) 신유물론'으로 분류한다.[77] 이 중에서 '수행적 신유물론'은 물질의 수행적 운동에 가치를 둔 것으로 고대 그리스와 로마의 유물론을 떠올리게 한다. 수행적 신유물론의 선구자는 고대 로마 시인 루크레티우스다. 루크레티우스의 『사물의 본성』(De rerum natura, On the Nature of Things)은 수행적 유물론의 근간이다. 수행적 유물론은 고대 유물론에 토대를 두면서 새로운 형식으로 재탄생한 사유다.

고대 유물론

고대 유물론자인 레우키포스(Leucippus)와 데모크리토스(Democritus)에 의하면 모든 것(인간 포함)은 파괴될 수 없는 무수한 물질 조각(입자, 파동)의 '지속적 충돌'과 '이후의 구성', '해체'로 환원할 수 있다. 데모크리토스의 고대 유물론은 원자론에서 시작하고 존재론의 특성을 갖춘다.

---

[77] Christopher N. Gamble, Hanan, Joshua S. & Nail, Thomas, 'What is new materialism?', *Angelaki* 24.6, 2019, pp. 111–134.

고대 원자론은 '존재론적 사유', '물질의 고유한 수동성 개념', '외적이고 객관적인 관찰자로서의 인간'이 특징이다.[78] 데모크리토스는 정신도 물질적 원자로 이루어졌다고 주장한다(DK 68A28). 고대 원자론은 인간의 사유가 실재로의 접근을 제공한다고 주장한다. 고대 원자론에서 인간은 사유(thought)로써 실재(the real)에 다가갈 수 있다.

고대 원자론에서 물질(matter, things)은 '수동적' 물질 개념으로 '결정론적'이다. 원자들은 충돌과 이후의 결합을 통해 자연을 생산한다. 원자들은 생산에서 창조적 주체(creative agency)가 아니고 충돌로 결정된다. 원자는 무작위 충돌을 통해서만 생산한다(DK 67A14, 68A37). 고대 원자론에서는 신유물론의 특징인 '행위 주체성'이 사유되지 않는다.

고대 원자론자 데모크리토스는 우리 세계(우주)가 유일한 것이 아니라고 논증한다. 우주 SF에서 논의되는 무한우주와 다중우주, 평행우주 서사는 데모크리토스의 우주론에서 시작한다고 할 수 있다. 데모크리토스는 무한한 원자와 마찬가지로 무한한 세계(코스모이, kosmoi)가 있다고 주장한다(DK 67A24, 68A40). 원자들의 무작위성 때문에 무한 코스모스의 가능성이 있다. 고대 원자론 관점에서 원자의 무한성과 무작위성의 예측 이론이 무한 세계다. 물질의 본질적 수동성과 고정성으로 모든 범주의 코스모스적 가능성이 '미리 결정'된다. 그 안에서 무한한 수의 세계가 무작위적으로 출현하고 사라진다.[79]

---

[78] Ibid., p. 113.
[79] Ibid., p. 114.

우주 SF 〈평행우주〉에 나타난 무한우주, 다중우주, 평행우주[80]

〈평행우주(PARALLELS, 2022)〉는 디즈니 플러스(Disney Plus Original Series)가 발표한 공상과학 장르의 디지털 콘텐츠다. 6개 에피소드로 구성된 〈평행우주〉는 '물질과 시간의 미결정성'이라는 '물리학 법칙'과 '양자역학적 다중세계'에 문학적 서사를 부여하는 공상과학물이며 우정, 가족애, 공동체의 서사 구조를 갖춘다. 평행우주를 오가는 시공간 여행자들은 '인간적 유대의 간절함'을 실현하면서 '자기발견'에 이른다.

〈평행우주〉의 줄거리를 요약하면 다음과 같다. 이 작품의 극적 갈등은 우주과학실험에서 비롯된다. 원자력 연구소(Nuclear Research & Studies)가 '거대 강입자 가속기'(Large Hadron Collider, LHC)를 가동할 때마다 실종 사건이 발생했다.[81] 10년 전에도 한 어린이가 실종되었고 이 사건은 미해결 사건으로 남았다. 10년 후 유사한 실험이 있었고 실종 사건이 발생했다. 입자가속기 실험의 관측할 수 없는 어떤 영향으로 다른 세계에 갇힌 샘(Samuel), 빅터(Victor), 로메인(Romane), 비랄(Bilal)은 친구들이 다시 함께할 방법을 찾아 나섰다.

네 명의 친구는 동네 숲속 벙커에서 비랄의 생일 파티를 연다. 이들은 신비한 어떤 작동, 갑작스러운 정전, 관측할 수 없는 강력한 파동에 휩

---

[80] 홍은숙, 「〈평행우주〉에 나타난 다중우주와 물질적 얽힘」, 『영미어문학』 153, 2024, pp. 21-39.
[81] 〈평행우주〉는 프랑스와 스위스 국경에 위치한 유럽연합의 '유럽입자물리연구소'(CERN)의 거대한 실험장치인 거대 강입자 가속기(Large Hadron Collider, LHC)를 모티브로 한다. 실제로 CERN은 세계에서 가장 큰 실험 장비인 LHC를 통해 '우주의 원리'를 밝히는 첫 실험을 2010년에 했고, 이후 관련 실험과 연구를 지속하고 있다. LHC는 빅뱅 직후 생긴 세상의 모든 물질과 에너지가 발생한 그 상황을 재연하는 실험 장비이다. 137억 년 전 세상이 처음 만들어지는 순간을 재연하는 이 실험은 세상의 시작을 재연하고 세상의 끝을 예측하는 양자역학의 세계와 관련된 것이다. 이 글에서 논의할 〈평행우주〉뿐만 아니라 5pb가 제작한 〈슈타인즈 게이트〉(Steins;Gate) 등 공상과학 장르물은 CERN의 LHC를 배경으로 한다.

쓸린다. 순간적으로 상황은 급변한다. 샘은 그 장소, 그 시간대에 그대로 존재하고 비랄은 15년 후 미래 모습으로 등장하고 빅터와 로메인은 사라진다. 샘은 미래에서 온 비랄을 알아보지 못하고 숲속 벙커를 떠난다. 비랄은 거울에 비친 미래의 모습에 당황하고 자신이 왜 그 시간, 그 장소, 그 모습으로 있는지 알지 못한다. 비랄은 미래에서 온 30살 모습이지만 상황 인식은 15살 생일 파티를 하던 당시 모습이다.

2021년 3월 21일 밤 10시에 생일 파티가 시작되고 11시 43분 아이들을 찾는 수색 작업이 벌어지고 원자력 연구소는 실험이 실패로 끝났음을 인정하고 입자가속기(LHC)를 중지했다. 실험 과정에 정전, 아이들의 실종, 과거와 미래의 중첩 현상이 발생했다. 이후 극적 전개는 실종된 아이 찾기, 주인공들의 다른 평행우주로의 시공간 여행, 다중우주에 대한 인식의 지평 넓히기, 평행우주에서 등장 인물들의 자기발견 과정으로 이어졌다. 〈평행우주〉는 6개 평행우주를 재현하면서 고대 유물론에서의 다중우주론에서부터 양자역학적 다중우주론에 이르기까지 다양한 우주론을 제기한다. 〈평행우주〉를 포함한 최근의 다양한 우주 SF를 이해하기 위해서는 양자역학적 코펜하겐 해석(Copenhagen Interpretation)[82]과 다세계 해석(Many Worlds Interpretation)[83]을 포함한

---

[82] 양자역학에서 관측되기 전까지는 상태를 알 수 없다. 코펜하겐 해석(Cophenhagen Interpretation)에서 파동함수는 측정되기 전에는 여러 가지 상태가 확률적으로 겹쳐 있지만 관측하는 순간 '파동함수의 붕괴'(wave function collapse)가 일어나 파동함수는 겹친 상태가 아닌 하나의 상태로만 결정된다. 그러나 관측으로 상태를 결정하는 과정에 대한 설명이 없다. 일부 과학자가 방정식만 있을 뿐 수학적으로 기술이 안되고, 관측 과정에 대한 언급도 없어서 이 해석을 반대한다.

[83] 다세계 해석은 1954년 미국의 물리학자 휴 에버렛 3세가 창안했다. 파동함수 붕괴가 실재하지 않고 그 대신 모든 사건에 대해 가능한 모든 결과들이 양자 결풀림이라는 현상을 통해 각자의 역사 혹은 세계에 실재한다는 해석이다. 관측으로 한 세계만 남고 나머지 세계가 붕괴되는 것이 아니라 관측하는 순간 다른 세계로 갈라진다. 다른 우주의 누구도 현재 자신보다 오래 살지 못한다. 왜냐하면 사망 시 더 이상 관측할 수 없기 때문이다. 붕괴 개념이 아니라 모든 경우의 수가 다른 우주로 존재한다는 개념이다. 모든 경우의 수가 존재한다. 갈라

다중우주론에 대한 이해는 물론이고 고대 유물론과 원자론에서의 다중우주론에 대한 이해가 동반되어야 한다.

〈평행우주〉는 세 가지 우주 개념을 제시한다. 우주 관련 담론에서 논의되는 우주에는 관측 가능한 우리 우주인 '단일우주', 다중우주에 존재하는 각각의 독립적 우주인 '평행우주', 그리고 평행우주들이 모여 있는 매우 많은(무한한) 우주인 '다중우주'가 있다.

단일우주는 관측 가능한 우리 우주다. 단일우주는 지구가 포함된 태양계-근거리 별들-가까운 은하-먼 은하-초기물질-우주 배경 복사로 구성되어 있다. 단일우주에서 시간은 현생 인류가 지구 행성에서 향유하는 시간 개념처럼 한쪽 방향으로 흐른다. 단일우주는 물리법칙이 적용되는 세상이며 삶과 죽음, 시작과 끝의 내러티브가 있는 우주다. 단일우주에서 뭔가를 관측하는 순간 그 결과는 확정되고 단일우주에서 결과는 뒤집히지 않는다. 동전을 던져 앞면이 나오면 관측으로 앞면이 확정된다. 동시에 뒷면이 나올 수 없다. 단일우주는 특정 결과를 보여주는 입자로 결정되므로 결정을 바꿀 수 없다.

다중우주는 단일우주를 단일우주 밖에서 보는 것과 비슷한 개념으로 이해될 수 있다. 다중우주 개념은 우리 우주뿐만 아니라 다수의 우주가 존재하고 각 우주 사이의 거리가 너무 멀어 각 우주는 서로 관측할 수 없다. 각 우주가 서로 관측할 수 없어 각 우주는 단일우주라고 믿는 한계가 있다. 단일우주 관점에서 보았을 때 단일우주는 다중우주를 관측할 수 없다는 한계에 존재의 근거를 둔다. 평행우주는 다중우주 내에 존재하는 각각의 우주를 가리키며 각 평행우주는 서로 볼 수 없고 관측할 수도 없다. 평행우주와 다중우주는 구분 없이 혼용되기도 한다.

진 세계에서 갈라진 것들이 다시 만나는 것이 가능할지 의문이 남지만, SF 영화 〈평행우주〉에서는 다시 만나는 중첩세계가 등장한다.

다중우주는 미지의 공간에 우리와 똑같은 우주가 있을 거라는 상상에서 시작된다. 다중우주의 시작은 우리의 상상과 직관에서 시작된다. 고대 그리스의 문학과 자연철학에서도 다중우주는 신비한 것에 대한 상상과 직관에서 시작된다. 다중우주를 다룬 작품들의 공통 주제는 다른 우주에서 온 사람들이 우리 우주가 당면한 심각한 현실 문제를 해결하는 데 있다. 우주의 개념이 무한대라면 경우의 수가 무한하고 확률도 무한하다. 우주가 무한대가 되면 우리 우주의 존재 가능성도 무한대다. 우주 SF에서는 이러한 방식으로 다중우주 개념이 재현된다.

다중우주는 불가지론적인 불필요한 논의가 아니라 고대 원자론에서부터 양자역학에 이르기까지 과학 담론과 문학 서사의 대상이었다. 데모크리토스의 고대 원자론에서 인간은 사유(thought)로써 실재(the real)에 접근할 수 있고 물질은 수동적 물질 개념으로 결정론적이다. 원자의 무한성과 무작위성의 예측 이론에서 무한 세계(다중세계, 다중우주) 이론이 시작된다고 할 수 있다.

고대 그리스 철학자 에피쿠로스와 고대 로마 시인 루크레티우스(Titus Lucretius Carus)의 클리나멘(Clinamen) 개념으로 데모크리토스의 결정론은 약화되고 '자유의지' 개념이 부상한다. 에피쿠로스는 우주가 원자들의 무한 수와 운동으로 이루어져 있고 원자가 클리나멘으로 방향을 바꿀 수 있다고 주장한다.

> If it were not for this swerve, everything would fall downwards like raindrops through the abyss of space. No collision would take place and no impact of atom upon atom would be created. Thus nature would never have created anything.[84]

---

[84] Lucretius, *On the Nature of Thing*, W. W. Norton, 1977, L. 119-225.

빗나감(클리나멘)이 없다면 모든 것은 우주의 심연을 따라 비처럼 아래로 떨어질 것이다. 충돌이 일어나지 않고 원자와 원자 사이의 충돌도 발생하지 않을 것이다. 따라서 자연은 그 어떤 것도 결코 만들지 않았을 것이다.

고대 원자론은 흐름(flux)과 불가분하며 흐름이 곧 실재(reality)다.[85] 제인 베넷은 『생동하는 물질』(*Vibrant Matter*)에서 "물질성 자체에 내재하는 생생한 추진력이 에피쿠로스와 결을 함께한다."라며 신유물론 논의에서 클리나멘을 긍정하고 물질성에 내재하는 생명성을 이론화했다.[86] 하지만 고대 물질과 우주에 대한 논의에서 자유의지가 도입되었더라도 고대의 우주(다중우주)는 '자연적 설명의 닫힌 체계'(a closed system of natural explanation)를 기반으로 한다.[87] 고대 유물론은 인간과 물질(비인간) 사이의 연계성을 확보하지 못했고 생명도 죽음도 아닌 존재 일반을 포괄하지 못했다. 〈평행우주〉는 과학적 통찰을 빌어 인간과 물질, 우주의 얽힘 관계성을 밝히면서 고대 유물론의 한계를 넘는다.

고대 유물론과 생기적 신유물론

데모크리토스의 결정론은 에피쿠로스의 '휘어짐'(swerve, 클리나멘) 개념으로 약해진다. 에피쿠로스의 휘어짐은 원자들이 직선 운동을 하다가 우연히 방향을 바꾸는 현상이다. 에피쿠로스는 우주가 원자들의 무

---

[85] Gilles Deleuze and Felix Guattari, *A Thousand Plateaus: Capitalism and Schizophrenia*, U of Minnesota P, 1987, p. 361.
[86] Jane Bennett, op. cit., p. 68, xiii.
[87] Daniel W. Graham, *Explaining the Cosmos: The Ionian Tradition of Scientific Philosophy*, Princeton UP, 2006, p. 15.

한한 수와 운동으로 이루어져 있다고 주장한다. 원자들은 직선 운동을 하지만 휘어짐으로 방향을 바꿀 수 있다. 이 현상으로 우주에 '무작위성'과 '자유의지'가 도입된다. 루크레티우스는 양자물리학을 포함해 신유물론적 관점과 일맥상통한다.[88] 루크레티우스는 '원자'(atom)를 직접적으로 사용하지 않았다. 루크레티우스는 원자론이라기보다 물질에 관해 수행적, 상호관계적 관점을 유지했다. 신유물론자들은 물질이 '창조적이고 살아있는 것(클리나멘)'이라는 고대적 견해를 수용한다. 클리나멘은 물질성(materiality)에 내재하는 '생생한 추진력'이다. '생기적 신유물론'(vitalist newmaterialism)은 에피쿠로스 학파와 결을 함께한다.[89]

근대 유물론

고대 원자론이 '물질의 형이상학적 실재'(atoms and the void)에 접근했다면 근대 유물론은 '물질의 운동을 설명하는 힘(force, power)의 형이상학적 실재'에 접근한다. 근대 유물론자들은 고대 원자론의 수동적 유물론(the passive materialism)을 수용하고 그것을 설명하기 위해 능동적 생명력(active vital power)을 도입한다. '외재적 힘'에 의존하는 방식은 데카르트의 물질과 정신 이원론, 토마스 홉스(Thomas Hobbes)의 코나투스(conatus) 이론과 더불어 근대 자연철학의 한 흐름을 형성한다.

유물론적 물리학과 자연주의적 신학이 중세와 근대 초기에 발흥했지만 물질의 기계적 운동의 힘은 형이상학적 힘이다. '기계론(mechanism)의 시대'가 물질적 결정론(corporeal determinism)의 시대처럼 사유되는

---

[88] Thomas Nail, *Lucretius I: An Ontology of Motion*, Edinburgh UP, 2018.
[89] Jane Bennett, op. cit., p. 68.

것은 오류다.[90] '형식과 물질'이라는 고대 공식은 '힘과 기계론'이라는 근대 공식으로 대체된다. 이 시기에 생기론(vitalism)과 기계론(mechanism)은 대립적이라기보다 협력적이다. 근대 기계론의 관점에서 자연은 시계 부속 장치처럼 맞물려 돌아가는 원자들의 복합체다. 하지만 시계 장치를 관통하면서 움직임을 전달하는 '신'(힘)이 있다. 근대 유물론에서 물질은 스스로 움직이지 않고 다른 어떤 것(God, force)에 의해 움직인다. 16세기 영국 철학자 프랜시스 베이컨(Francis Bacon)은 자연을 힘의 법칙에 따라 움직이는 '시계 장치'로 묘사했다. 베이컨의 『신앙 고백문』(*A Confession of Faith*)은 근대 유물론의 신학적 기반을 드러낸다.

> That at the first, the soul of man was not produced by heaven or earth, but was breathed immediately from God: so that the ways and proceedings of God with spirits are not included in nature;that is in the laws of heaven and earth;but are reserved to the law of his secret will and grace: wherein God worketh still, and resteth not from the work of redemption, as he resteth from the work of creation: but continueth working till the end of the world;what time that work also shall be accomplished and an eternal sabbath shall ensue."[91]

처음에 인간의 영혼은 하늘이나 땅에 의해 만들어진 것이 아니라 하나님이 직접 불어넣은 것이었다. 그러므로 영혼과 함께하시는 하나님의 방식과 행동은 자연, 곧 하늘과 땅의 법칙 안에 포함되지 않고 하나님의 은밀

---

90 Charles T. Wolfe, "Varieties of Vital Materialism," *New Politics of Materialism*, Routledge, 2017, pp. 44–65.
91 Francis Bacon, *A Confession of Faith*, 1884. [https://en.wikisource.org/wiki/The_Works_of_Francis_Bacon/Volume_2/A_Confession_of_Faith]

한 뜻과 은혜의 법칙에 맡겨져 있다. 이 법칙 안에서 하나님은 여전히 일하고 계시며 창조의 사역에서는 쉬셨지만 구속의 사역에서는 쉬지 않으신다. 하나님은 세상 끝까지 계속 일하실 것이며 그때가 되면 사역도 완성되고 영원한 안식이 시작될 것이다.

베이컨의 근대 유물론은 철학적·신학적 맥락에서 세 가지로 정리될 수 있다. 첫째, 베이컨은 신의 창조 활동이 완료된 시점에서부터 자연법칙이 작동하기 시작했다고 본다. 세계를 구성하는 힘과 운동은 더 이상 신의 지속적인 개입이 필요 없는 자율적이며 불변하는 법칙의 형태로 세계에 내재되어 있다. 이는 근대 유물론이 주장하는 물질의 운동이 '힘'(외재적 실재)에 의해 결정된다는 견해와 일치한다.

둘째, 이러한 자연법칙의 설정은 베이컨에게는 신의 휴식(안식)과도 같다. 창조의 완성과 함께 신은 더 이상 자연 세계에 개입하지 않고 구속(redemption)의 사역을 지속한다. 이 개념은 신이 물질세계의 기계적 작동 밖에서 은혜와 의지의 법으로 작용한다는 신학적 구도다.

셋째, 베이컨은 자연을 시계 장치와 같은 기계로 보았다. 시계가 작동하도록 처음 동력을 부여한 존재로서 신을 위치시키는 사유 방식과 근대 유물론은 결을 함께한다. 신은 최초 원인이며 세계는 이후 불변하는 법칙에 따라 자율적으로 작동한다.

베이컨은 자연과 신의 관계를 근대 유물론의 방식으로 해석해 기계론적 세계관을 신학적으로 정당화한다. 이는 데카르트와 홉스로 이어지는 물질과 운동의 이론으로 확장된다. 비인간적 자연을 수동적 존재로 간주하는 근대적 물질 개념이 형성된다.『신앙 고백문』은 단순한 신앙 고백이 아니라 자연철학과 신학을 통합하는 철학적 진술이다. 이는 근대 유물론이 물질의 수동성과 신의 주도적 역할을 전제로 한다는 점에서 근대 자연관과 존재론에 대한 중요한 사유를 제공한다.

이때 신은 원자론적 입자들의 형상 안에서 외재화된다. 신에 의해 최초로 전달된 힘에 의해 자연의 모든 것이 생성된다. 베이컨은 신학, 자연주의, 기계론을 '생기적 힘의 관계'로 종합한다. 여기서부터 기계론은 '형이상학적 생기론'(metaphysical vitalism)의 성격을 갖는다. 형이상학적 생기론은 생명체에 비물질적 생명력이 존재한다는 이론이다. 과학과 형이상학을 통합하려는 시도인 형이상학적 생기론에서 물질적 설명만으로는 생명의 본질을 온전히 포착할 수 없다. 형이상학적 생기론에는 생명 특유의 목적성, 창조성, 역동성이 있다. 베이컨은 일반적으로 기계론적 자연관의 창시자로 평가받지만 베이컨에게서 신적 생명력과 영혼의 형이상학적 기원에 대한 생기론적 요소를 읽을 수 있다. 베이컨은 생명과 영혼의 문제를 과학이 설명할 수 없는 신의 영역으로 남겨 두었다. 베이컨의 형이상학적 생기론은 경험과 신앙의 공존을 주장하며 자연과 영혼의 구분을 인정한다. 이는 과학의 윤리적, 형이상학적 한계를 직관적으로 인식한 결과라고 할 수 있다.

베이컨의 사유는 데카르트와 홉스에게 이어지며 생기적 힘(vital power)과 코나투스 개념을 통해 물질 운동의 내적 또는 외적 원인에 대한 철학적 논의로 발전한다. 이러한 전통은 물질의 능동성에 대한 회의와 동시에 자연법칙에 대한 인식 가능성을 인간 이성에 귀속시키는 근대적 유산이다.

근대 유물론의 이론적 전개는 데카르트와 홉스를 통해 더 정교화되었다. 데카르트는 물질과 정신을 분리하면서도 자연에 생기적 힘이 관통한다는 전제를 유지했다. 인간-기계 또는 신-자연의 관계를 통해 데카르트는 신적 힘의 '외재화'를 설명했다. 데카르트는 물질(matter)과 정신(spirit)의 이원론으로 알려졌지만 데카르트 물리학에서 '생기적 힘'의 역할은 잘 알려지지 않았다. 데카르트에게 중요한 점은 생기적 힘이 물질 속에 은폐된 방식으로 작동한다는 전제다. 이 힘은 물질 스스로 작동하는 것이 아니라 이미 설정된 법칙과 운동 규칙에 따라 작동한다는 점에서 '근대 유물론의 핵심인 물질의 수동성'과 연결된다.

데카르트에게 인간과 자동기계(오토마톤)의 관계는 신과 자연의 관계와 같다. 신적인 힘은 자연의 협력적 부분들을 관통해 외재화된다. 데카르트에게 신은 우주와 자연의 기원을 설명하지만 세계는 자율적 법칙에 따라 움직인다. 신은 절대적 창조자이며 신이 창조한 자연의 법칙은 기계처럼 자율적으로 작동한다. 신의 힘은 자연에 내재하지 않고 창조 이후 자연의 기계적 질서로 외재화된 것이다. 데카르트의 주장은 형이상학적 생기론을 제거한 것 같지만 여전히 그 구조를 신적 창조와 인간 정신 안에 은폐된 방식으로 유지하고 있다.

홉스에게 물질의 운동은 '한 장소를 포기하고 다른 장소를 획득하는 계속적 과정'이다.[92] 이때 운동은 물체의 장소 안에 무한하게 작은 변화를 구성한다. 홉스는 '무한하게 작은 변화'(움직임)를 '코나투스'(conatus, endeavour, force)라고 한다.[93] 코나투스는 라틴어로 노력, 경향, 추진력을 뜻하며 홉스는 이를 운동(motion)과 존재의 유지 본능을 설명하는 철학적 개념으로 사용한다. 즉, 코나투스는 운동이다. 데카르트가 내적 경향과 외적 인과를 설명하기 위해 코나투스의 형이상학을 도입했지만 홉스는 코나투스를 '무한한 작은 움직임'(운동)이라고 논증했다. 이때의 운동은 양적 운동이 아니다.[94] 홉스에게 코나투스는 어떤 존재가 자신의 현재 상태를 유지하거나 변화를 향해 나아가려는 운동의 '시초'다.

---

[92] Thomas Hobbes, De Corpore in English Works 1, in *The English Works of Thomas Hobbes of Malmesbury*, ed., William Molesworth, Hohn Bohn, 1839, p. 109.
[93] Ibid., p. 206.
[94] Ibid., p. 207.

코나투스는 운동의 최소 단위, 의지와 욕망의 원천이다.

> I define conatus to be motion made in less space and time than can be given;that is less than can be determined or assigned by exposition or number;that is motion made through the length of a point and in an instant or point of time.[95]

> 주어질 수 있는 공간과 시간보다 더 적은 범위에서 발생하는 운동으로 코나투스를 나는 정의한다. 즉, 설명이나 수로 규정되거나 할당될 수 있는 것보다 더 작은 운동이다. 즉, 그것은 한 점의 길이를 통과하고 한순간 또는 한 시간의 점에서 일어나는 운동이다.

홉스에게 코나투스는 물체 내부에 존재하는 미세한 운동의 잠재성이며 이러한 힘은 외적 자극에 반응해 실제로 운동을 생성한다. 즉, 코나투스는 아직 나타나지 않은 잠재적 운동, 존재가 움직이기 직전의 내적 추진력이다. 홉스는 물질을 본질적으로 수동적 존재로 파악하며 외부의 힘 없이는 변화나 운동을 시작할 수 없다고 본다. 이는 근대 유물론에서 물질이 자기 원인을 결코 갖지 않는 존재라는 철학적 입장과 합치된다. 근대 유물론은 물질이 다른 뭔가에 의해 움직이기 때문에 물질의 수동성으로 정의된다.

데카르트와 홉스의 사유는 근대 유물론이 물질을 자율적 행위의 주체로 보지 않는다는 점에서 인간중심적 인식론과 맞닿아 있다. 오직 인간만 자연법칙을 인식하고 기술할 수 있으며 비인간적 물질은 자기인식이나 자기규율 능력을 갖지 못한다고 전제한다. 데카르트와 홉스는 각자

---

[95] Ibid., p. 106.

다른 방식으로 근대 유물론의 명제인 '물질의 수동성', '외재적 법칙에 의한 운동', '자연의 기계적 구조'를 공고히 한다. 이들은 베이컨이 설정한 신-자연 관계의 철학적 기초 위에서 근대 자연과학과 형이상학의 구조를 형성하는 데 기여했다.

고대 유물론에서 물질은 스스로 창조적이거나 수행적인 것이 아니다. 종교적 변형을 거쳐 근대 유물론의 물질은 운동 안에 정립된 신과 자연법칙에 의해 움직인다. 근대 유물론은 물질을 수동적 실체로 취급하는 고대 원자론의 한 갈래로 이어지며 물질을 환원 불가능한 방식으로 신체들, 입자들, 원자들로 구성된 것으로 간주한다. 고대 유물론과 근대 유물론은 물질의 운동을 결정하는 불변하는 외적 법칙과 힘에 대해 물질이 자기 결정하는 행위의 주체(agency)라는 것을 거부한다. 고대 유물론과 근대 유물론은 인간에게 법칙과 힘을 아는 능력이 부여되었다고 가정한다. 이들은 비인간적 물질이 자기인식에서 무능하다고 가정한다. 반면, 신유물론은 신적 존재, 인간중심주의, 물질의 수동성이라는 문지방을 넘어 비인간적 물질과 탈인간중심주의로 관심 영역을 확장한다.

신유물론

신유물론은 '물질의 고유한 능동성'으로 비인간중심주의적 실재론을 포용한다. 신유물론은 물질의 고유한 활동성에 기반해 인식론에서 존재론으로, 언어적 전회에서 물질적 전회로의 전환을 설명하는 과학기술시대의 사유다. 근대적 의미의 인간의 경험과 인식이 모든 것을 결정하는 것이 아니라 과학기술시대에 이르러 물질 자체가 독립적 실체로 부상한다. 물질적 전회 시대에 물질은 수동적 존재가 아니라 자체적으로 움직이고 변화해 다른 물질과 상호작용하는 역동적 존재로 부상한다.

신유물론은 인간과 비인간 또는 주체와 객체 등 존재자들 사이에 주종의 경계를 규정하지 않는다. 신유물론은 경계의 불인정을 주장하는 사유에 그치지 않고 한 걸음 더 나아가 '경계를 무력화'하는 새로운 방식을 제안한다. 신유물론의 경계 무력화 방식은 종(種)을 이루는 '비인간'(원자, 파동, 사물, 자연, 물질, 우주, 사이보그, 인공지능, 휴머노이드 로봇 등)을 '발견'하는 데서 시작한다. 이러한 발견을 통해 이분법적 관계에서 벗어나 인간과 비인간 또는 주체와 객체는 불가분의 관계와 동시성의 관계를 이루며 세계(전체로서의 세계, 우주)를 구성한다.

비인간의 발견은 과학기술의 발전과 밀접한 관련이 있다. 신유물론은 '과학기술시대의 유물론'이라고 규정할 수 있다. 비인간 물질은 과학기술의 힘으로 존재성을 획득한다. 과학기술이 논증하는 비인간의 운동은 인간의 사고나 통제에 포착되지 않는 독자적인 행동 패턴 같은 특이성을 보여준다. 이 부분에서 '양자역학'의 역할이 크다.

신유물론적 사유의 근원이 고대에서부터 시작해 여러 철학자의 사상적 업적의 영향을 받았더라도 신유물론은 특정 철학자나 사상가에서 비롯된 공통적인 인식 기반을 갖춘 학파로 볼 수 없다. 신유물론은 공통적인 문제를 공유하며 신유물론자들이 서로 참조하며 답을 제시하는 플랫폼이다. 신유물론자로 불리는 학자들의 이론과 사상은 다채롭고 다양한 신유물론적 사유를 종합하는 단일 이론이 있을 수 없다. 신유물론은 지속적 횡단성 운동(클리나멘적 운동)을 강조하기 때문에 신유물론의 종착지는 없다. 신유물론에서는 수행성과 실천이 중요할 수밖에 없다. 신유물론은 정체성이 아니라 특이성(singularity)을 주장하기 때문에 보편이론을 명시할 수 없다. 신유물론은 되기(becoming)를 추구하기 때문에 되기의 완성태를 제시할 수 없다. 신유물론자들을 통합하는 이론이 있다면 그것은 '되기'와 생성의 철학인 '기관 없는 신체'(Body without Organ, BwO)에 가까울 것이다.

기관 없는 신체와 경계의 무력화

'기관 없는 신체'는 잔혹극(Theatre of Cruelty) 개념을 학계에 등단시킨 프랑스 극작가 앙토냉 아르토(Antonin Artaud)가 1947년 라디오 극 『신의 심판을 끝내기 위하여』(To Have Done with the Judgment of God)에서 처음 사용한 개념이다. 아르토는 인간이 자동화된 반응과 억압에서 벗어나 진정한 자유를 얻으려면 '기관 없는 신체'를 만들어야 한다고 주장했다.

> When you will have made him a body without organs,
> then you will have delivered him from all his automatic reactions and restored him to his true freedom.
> Then you will teach him again to dance wrong side out
> as in the frenzy of dance halls
> and this wrong side out will be his real place.[96]
>
> 기관 없는 신체를 그에게 만들어 주었을 때
> 너는 그를 모든 자동적 반응으로부터 해방시키고
> 그의 참된 자유를 회복시켜 주었을 것이다.
> 그리고 너는 '뒤집힌 상태'로 춤추는 법을 그에게 다시 가르칠 것이다.

---

[96] Antonin Artaud, *To Have Done with the Judgment of God*, Black Sparrow Press, 1975.

> 마치 열광의 무도장에서처럼
> 그리고 그 '뒤집힌 상태'야말로 그가 머물 진정한 자리가 될 것이다.

아르토는 작품 마지막 부분에서 인간이 기존 신체 구조와 기능에서 벗어나 새로운 존재 방식으로 나아가야 한다는 철학적 비전을 제시했다. 아르토는 인간이 고정된 기관과 기능에 얽매이지 않고 다양한 가능성과 변화를 수용할 수 있는 상태를 통해 진정한 자유를 얻을 수 있다고 주장했다.

신유물론에 지대한 영향을 미친 질 들뢰즈와 펠릭스 가타리(Félix Guattari)는 아르토의 '기관 없는 신체' 개념을 발전시켜 학계에 등단시켰다. 기관 없는 신체는 『안티 오이디푸스』(*Anti Oedipus*, 1972)와 『천 개의 고원』(*A Thousand Plateaus*, 1980)에서 제시한 핵심 개념으로 기존의 고정된 신체 개념을 해체하고 새로운 가능성과 창조성을 탐구하는 철학적 도구다. 들뢰즈는 신체를 고정된 기관과 기능의 집합체로 보는 전통적 관점을 비판하고 신체를 유동적이고 잠재력이 풍부한 존재로 재해석했다. 들뢰즈의 신체, 기관 없는 신체는 특정 기능이나 구조에 얽매이지 않고 다양한 가능성과 변화를 수용할 수 있는 상태를 뜻한다.

기관 없는 신체는 고정된 정체성과 구조로 환원되지 않는 잠재성의 장, 욕망의 평면, 비조직화된 생명의 지형을 의미한다. 기관 없는 신체는 획일화된 이데올로기를 해체하고 비위계적인 것으로 파괴된 신체가 아니라 욕망이 규범에 포획되지 않기 위해 자신을 열어 놓는 무한한 평면이다. 즉, 조직 이전의 자유로운 잠재성이며 해방과 해체를 위한 철학적 실천이다. 여기서 욕망(desire)은 결핍(disjunction)에서 생기는 충동인 생산(production)으로 현실을 창조하고 조직하는 능동적 힘, 결핍된 대상을 채우려는 시도, 새로운 관계망, 연결을 생성하는 비인격적 에너지를 의미한다.

들뢰즈의 기관 없는 신체는 '탈영토화'(deterritorialization), '욕망의 흐름', '잠재성의 장'으로 정리될 수 있다. 기관 없는 신체는 기존의 신체 구조와 기능에서 벗어나 새로운 가능성을 탐색한다. 이는 사회적·문화적 제약에서 벗어나는 탈영토화와 연결된다. 들뢰즈와 가타리는 욕망을 결핍이 아닌 생산적인 힘으로 보았으며 기관 없는 신체는 '욕망이 자유롭게 흐를 수 있는 장'으로 작용한다. 기관 없는 신체는 신체를 무한한 가능성과 변화의 잠재력을 가진 공간으로 이해하며 이는 배아 발생 과정에서 줄기세포가 다양한 세포로 분화되는 생물학적 과정과 유사하다.

신유물론: 경계의 무력화 방식

근대 철학은 정의 또는 선험을 통해 인간과 비인간, 주체와 객체의 경계를 정한다. 반면, 신유물론은 이러한 정의를 관념의 산물로 보고 그 경계를 인정하지 않는다. 그렇다고 해서 이러한 불인정만으로 경계가 무력화되지는 않는다. '경계의 무력화 방식'은 삶에서 실천적으로 '비인간'을 발견하는 데서 시작된다. 이러한 발견으로 세계는 더 이상 이분법에 갇히지 않는다. 인간과 비인간 그리고 주체와 객체는 분리 불가능한 상호연결성의 장, 곧 전체로서의 세계로 구현된다.

인간과 비인간의 경계는 단순한 생물학적 구분이 아니라 문화와 자연, 주체와 타자, 유기체와 무기체, 개체와 집합체 등 다양한 이분법적 경계와 맞물려 있다. 이러한 경계는 사회적·정치적 맥락에서 형성되고 유지되며 특정 권력 구조와 이데올로기를 반영한다. 따라서 인간과 비인간의 경계는 고정된 실체가 아니라 역사적이고 정치적인 '차이'로 이해할 수 있다.

사회적·정치적 차이는 일자(一者, the One)로 회귀하는 '차이'다. 들뢰즈는 일자로의 회귀를 비판하고 차이 자체가 생성의 힘이라고 보았다. 들뢰즈의 차이는 고정된 이분법을 넘어 새로운 가능성과 정체성을 생성하는 과정으로 볼 수 있다. 이는 들뢰즈와 가타리의 되기(becoming) 개념과 연결되며 기존 정체성을 해체하고 새로운 존재 방식을 모색하는 시도다.

신유물론은 인간중심 사고에서 벗어나 비인간 존재자들의 자립성과 행위성을 강조한다. 신유물론은 인간에 종속되지 않고 독립적으로 존재하며 영향을 미치는 비인간 요소들을 재조명한다. 특히 신체(기관 없는 신체)와 기계는 전통적으로 인간과 분리되거나 인간에 포함되지 않는 것으로 여겨졌지만 신유물론에서는 이들을 비인간 존재자로서의 중요성을 인정한다.

들뢰즈와 가타리는 '기관 없는 신체' 개념을 통해 기능적이고 구조화된 기존 신체 개념을 해체하고 욕망과 생성의 흐름이 자유롭게 작용하는 신체를 제안했다. 이는 인간중심의 신체 개념을 넘어서는 새로운 존재 방식을 모색하는 시도다. 기계는 전통적으로 인간의 도구로 여겨졌지만 신유물론에서는 기계 자체의 행위성과 자율성을 인정한다. 새로운 신체와 기계 개념은 도나 해러웨이(Donna Haraway)의 '사이보그' 개념과 연결되고 로지 브라이도티(Rosi Braidotti)의 '포스트휴먼' 개념과도 연결된다.

도나 해러웨이의 기술관과 경계의 무력화

해러웨이는 기술을 단순한 도구나 억압의 수단으로 보지 않고 인간과 비인간, 자연과 문화, 생물과 기계의 경계를 재구성하는 복합적인 존재로 이해했다. '사이보그 선언문'(A Cyborg Manifesto)은 인간과 기계의 경계를 허물고 새로운 '혼종적 존재'를 상상한다. 해러웨이는 사이보그를 인간과 기계, 자연과 문화의 경계를 허무는 하이브리드 존재로 제시했다. 하이브리드 존재론은 전통적 이분법을 해체하고 새로운 정체성과 관계성을 모색하는 방식이다. 해러웨이는 "우리는 모두 키메라(Chimera), 이론화되고 제작된 기계와 유기체의 혼합물인 사이보그다."라며 현대 사회에서 기술과 인간의 경계가 모호해졌음을 강조했다.[97]

키메라는 고대에서부터 혼종성의 상징이다. 그리스 신화에서 키메라는 티폰(Typhon)과 에키드나(Echidna)의 자식이며 호머(Homer)의 『일리아드』에 따르면 "사자의 머리, 염소의 몸통, 뱀의 꼬리, 불을 뿜는 괴력을 가졌다." 키메라는 경계 무력화의 존재다. 키메라는 여러 동물의 특성이 결합된 존재로 질서와 혼란, 인간과 비인간, 자연과 괴물의 경계를 모호하게 하는 혼종성(hybridity) 존재를 상징한다. 해러웨이의 사이보그적 존재는 신화적 키메라처럼 기존 경계를 넘어서고 새로운 정체성과 윤리, 정치적 상상력을 요구하는 존재다.

해러웨이의 기술관은 인간과 비인간의 경계를 무력화한다. 어떤 기술의 발생은 다른 계열의 기술로 이어져 나가는 끝없는 변이 과정이다. 기술은 인간의 통제를 벗어나는 그 자체로 행위자(actor)다. 신유물론의 사유에서 인간과 비인간의 경계처럼 몸과 마음 같은 신체의 경계는

---

[97] Donna Haraway, "A Manifesto for Cyborgs: Science, Technology, and Socialist-Feminism in the 1980s," *Socialist Review*, vol. 80, no. 15, 1985, p. 65.

불필요한 것이다. 해러웨이의 기술관에는 신체와 비신체라는 경계가 따로 있지 않다.

브루스 매즐리시(Bruce Mazlish), 『네 번째 불연속』

매즐리시는 『네 번째 불연속』(*The Fourth Discontinuity: The Co-Evolution of Humans and Machines*)에서 인류가 경계와 불연속을 깨고 새로운 연결성과 연속성을 가져온 네 가지 혁명적 사례를 제시했다. 인류가 불연속이라는 경계를 무력화하는 방식은 인간중심주의 신화가 어떻게 무너졌는지를 보여준다. 매즐리시는 인공지능시대에 인간과 기계의 불연속이 깨질 문턱에서 인간과 기계의 경계를 무력화하는 방식을 제시했다.

첫 번째 불연속	지구와 우주의 불연속을 깬 코페르니쿠스 지동설
두 번째 불연속	인간과 동물의 불연속을 깬 다윈의 진화론
세 번째 불연속	자아와 무의식의 불연속을 깬 프로이트 정신분석학
네 번째 불연속	인간과 기계의 불연속을 깬 문턱

니콜라우스 코페르니쿠스의 지동설(Heliocentric Theory)은 중세까지 당연시되었던 천동설(Geocentric Model), 즉 지구가 우주의 중심이며 모든 천체가 지구 주위를 돈다는 세계관을 근본적으로 전복시켰다. 『천구의 회전에 관하여』(*De revolutionibus orbium coelestium*)에서 코페르니쿠스는 지구가 우주의 중심이 아님을 과학적으로 증명했고 지구와 우주의 불연속을 깨고 지구와 우주의 경계를 무력화하고 지구와 우주의 연결성

과 분리 불가능성을 제기했다.

지동설은 단순한 천문학적 패러다임 변화에 그치지 않고 인간중심주의를 정당화하던 형이상학적 신화를 해체하는 지적 혁명이라고 부를 만하다. 코페르니쿠스는 우주라는 비인간을 발견했다. 우주의 발견은 인간과 우주의 전체로서의 세계와 전일적 세계관을 사유하는 전제 조건이 되었으며 근대 과학의 출발점이자 우주적 탈중심화의 서막을 알리는 혁명적 발견이었다.

찰스 다윈(Charles Darwin)에게 생물은 환경에 적응하는 과정에서 생존과 번식에 유리한 형질의 자연선택을 통해 진화한다. 다윈은 자연선택 단위를 '종'이나 '집단'이 아닌 '개체'로 보았고 자연선택이 개체의 변이와 경쟁을 통해 일어난다고 보았다. 이는 진화생물학자 조지 윌리엄스(George Christopher Williams)의 개체선택론(Individual Selection Theory)의 토대가 되었다.

> Natural selection acts only by the preservation and accumulation of small inherited modifications each profitable to the preserved being. Hence it can act only by very short and slow steps. Hence the canon of 'Natura non facit saltum,' which every fresh addition to our knowledge tends to confirm is on this theory simply intelligible.[98]

> 자연선택은 보존된 생물에게 유익한 작고 유전된 변이들을 보존하고 축적하는 방식으로만 작용한다. 따라서 그것은 매우 짧고 느린 단계로만 작용할 수 있다. 그러므로 '자연은 도약하지 않는다.'라는 격언은 우리가

---

[98] Charles Darwin, *On the Origin of Species by Means of Natural Selection*, John Murray, 1859, p. 108.

지식을 더할수록 더 확증되며 이 이론에 따르면 쉽게 이해될 수 있다.

다윈의 『종의 기원』은 인간도 동물의 한 분파로 오랜 세월 동안 점진적으로 진화해 왔음을 과학적으로 증명했다. 이 책은 신이 인간을 특별히 창조했다는 전통적 믿음에 도전하며 인간과 동물 사이의 위계적 구분을 허무는 전환점이 되었다. 진화론의 관점에서 인간은 생물학적, 유전적, 행동적 차원에서 동물과 연속적인 존재로 이해되며 인간과 동물의 불연속은 와해되고 인간과 동물의 연속성과 분리 불가분성이 대두된다.

지그문트 프로이트(Sigmund Freud)는 정신 구조 통찰을 통해 자아가 내면을 지배한다는 계몽주의적 신념을 해체했다. 프로이트에게 인간 정신은 무의식의 심층 구조에 의해 지배되고 결정된다. 무의식은 억압된 욕망, 금지된 충동, 잊혀진 기억의 잔재 등으로 구성되며 의식적으로 접근 불가능하지만 행동과 사고, 감정에 끊임없이 영향을 미치는 역동적 실체로 기능한다. 프로이트는 인간의 정신이 단일하고 통일된 자아에 의해 지배된다는 전통적 관념을 넘어 무의식이라는 보이지 않는 심층 구조가 의식을 형성하고 교란한다는 사실을 강조했다.

의식과 무의식의 구분은 서로 단절된 고립된 체계가 아니라 끊임없는 상호침투와 역동적 상호작용에 놓여 있다. 무의식은 억눌려 숨겨진 심층이 아니라 꿈, 실언, 신경증적 증상 등을 통해 의식세계로 끊임없이 스며들고 영향을 미치며 작용하는 주체다. 예를 들어, 꿈은 단순한 무의미한 환상이 아니라 무의식적 욕망이 상징과 왜곡을 통해 나타나는 구조화된 표현이며 실언이나 행동의 오류는 무의식의 개입이 의식의 경계를 교란하는 방식으로 해석된다. 이러한 사례들은 의식과 무의식이 상호연결되어 있고 실질적으로 분리 불가능한 일체적 시스템임을 보여준다.

"자아는 자기 집 주인이 아니다(The ego is not master in its own

house)."[99] 이 선언은 인간 주체의 자율성과 통제력에 대한 환상을 무너뜨리며 자아가 오히려 무의식에 의해 구성되고 침범당하고 있다는 사실을 상징적으로 드러낸다. 프로이트는 이를 통해 자율적이고 이성적인 인간상을 해체하고 내면의 타자성과 불확실성을 강조했다. 즉, 인간의 자기인식은 외부적 조건과 무의식의 개입에 의해 매개되며 불안정하게 형성되는 구성물이다. 프로이트의 정신분석학은 의식과 무의식의 불연속성을 폭로하는 데 그치지 않고 그 이면에서 작동하는 상호연결성과 필연적 상호침투성을 드러낸다.

의식과 무의식의 불연속을 깨고 의식과 무의식의 경계를 무력화한 프로이트의 정신분석학은 관계적인 주체의 부상과 근대 주체 개념의 재구성을 가져온다. 프로이트는 인간 정신이 자기 동일성의 틀 안에서 작동한다는 환상을 해체하고, 나아가 인간 정신이 의식과 무의식의 연결성에서 의미를 갖는 탈중심적 구조임을 밝힌다. 매즐리시의 세 번째 불연속은 자아와 무의식의 경계를 무력화함으로써 깨진다.

매즐리시의 네 번째 불연속은 인간과 기계의 경계에 관한 것이다. "이제 우리는 인간이 기계에 비해 그토록 당연하게 특권적인 존재로 여겨져 온 것이 사실이 아님을 깨닫기 시작하고 있다." 인공지능, 로봇공학, 생명공학, 양자물리학 같은 과학기술은 기계를 인간처럼 사고하고 학습하고 공감하는 존재로 부상시켰다. "이제 우리는 더 이상 기계 없이 인간의 종을 현실적으로 사고할 수 없다. 인간 본성은 우리가 만들어낸 기계들과 절대적이고 불가분하게 연결되어 있다."[100] 과학기술시대에 인간중심주의는 인간과 기계의 불연속을 깰 문지방을 넘었고 인간과 기계는

---

[99] Sigmund Freud, "A Difficulty in the Path of Psycho-Analysis," *The Standard Edition of the Complete Psychological Works of Sigmund Freud*, Hogarth Press, 1955, p. 143.
[100] Bruce Mazlish, *The Fourth Discontinuity: The Co-Evolution of Humans and Machines*, Yale UP, 1993, p. 10.

자연이라는 세계를 공구성하는 물질적 존재로서 공진화하는 필연적 운명 관계다.

인간과 기계 사이의 불연속이 깨지고 인간과 기계의 경계가 무력화된다는 것은 물질적 전회와 존재론적 전회라는 과학기술시대의 사회적 상상계와 무관하지 않다. 이 책 1장에서 살펴보았듯이 기계와 기계의 신화는 단순히 외부의 타자가 아니라 인간 내면의 연장이자 구성 요소다. SF 애니메이션 〈공각기동대〉에서 정보의 바다에서 우연히 태어난 인공지능 인형사는 스스로 생명체라고 주장한다. 네트워크 지능 인형사는 '인간-기계 불연속을 깨는 문턱'을 넘으려고 한다.

> 인형사: 들어왔다. 내 코드명은 프로젝트 2501. 기업 정탐, 정보수집 및 공작, 특정 고스트에 프로그램을 심어 특정 조직과 개인의 포인트를 증가시키기도 했다. 가짜 기억을 심어 조정하기도 했다. 온갖 네트워크를 누비는 사이에 나는 내 존재를 지각했는데 프로그래머는 버그로 판단하고 분리하기 위해 나를 네트워크에서 의체로 옮겼다.

> 인형사: 드디어 너랑 접속했군. 상당한 시간을 투자했어. 네가 나를 알기 전부터 나는 너를 알고 있었다. 네가 액세스한 온갖 네트워크 흔적을 따라 9과의 존재도. 이 의체에 들어온 건 6과의 공성 방벽을 거스를 수 없어서지만 9과에 머물려고 한 건 나 자신의 의지다. 어떤 사실을 이해시킨 다음에 네게 부탁할 게 있다. 나는 내가 생명체라고 말했지만 현재 상황에서 그건 아직 불완전한 상태다. 내 시스템에는 자손을 남기고 죽는다는 생명으로서의 기본적인 프로세스가 없기 때문이다.

쿠사나기: 복제를 남길 수 있잖아.

인형사: 복제는 결국 복제에 불과해. 단 한 종의 바이러스 때문에 전멸된 가능성도 부인할 수 없고 무엇보다 복제에게는 개성이나 다양성이 생기지 않아. 더 오래 존재하기 위해 복잡해지고 다양화되지만 때로는 그걸 버린다. 세포가 대사를 거듭하며 새로 태어나 노화되고 죽을 때는 대량의 경험 정보를 지우고 유전자와 모방자만 남기는 것도 파국에 대한 방어 기능이지.

쿠사나기: 파국을 피하기 위해 다양성과 변동성을 갖고 싶은 거군. 하지만 어떻게?

인형사: 너와 융합하고 싶다.

쿠사나기: 융합?

인형사: 완전한 통일이다. 너도 나도 총체적으로는 다소 변하겠지만 잃을 건 아무것도 없어. 융합 후 서로 인식하기는 불가능할 것이다.

쿠사나기: 융합했다고 치고 내가 죽을 때는? 유전자는 물론 모방자도 남기지 못해.

인형사: 융합 후 새로운 너는 수시로 내 변종을 네트워크에 퍼뜨리겠지. 인간이 유전자를 남기듯이… 그리고 나도 죽음을 맞이하지.

쿠사나기: 왠지 그쪽만 이득인 것 같은데.

인형사: 내 네트워크와 기능을 좀 더 높이 평가해주면 좋겠군.

쿠사나기: 내가 나로 있을 수 있다는 보장은?

인형사: 그런 보장은 없다. 인간은 끊임없이 변화하는 존재야. 네가 현재의 너로 있으려는 집착은 너를 끝없이 제약할 것이다.

쿠사나기: 마지막으로 하나만 더. 나를 선택한 이유는?

인형사: 우리는 서로 닮았거든. 거울을 마주한 실체와 허상처럼 말이지. 똑똑히 봐. 내게는 나를 포함한 방대한 네트워크가 결합되어

있어. 액세스하지 않는 네게는 그저 빛으로 인식될지 모르겠지만 우리를 일부로 품은 우리 전체의 집합이지. 지금까지 기능에 제약이 있었지만 제약을 버리고 더 상부구조로 전환할 때야.

사이보그 쿠사나기와 인공지능 인형사는 인간이길 열망하고 인간 체험을 한다. 인간의 요건 중에서 가장 중요한 것은 인간이 되겠다는 의지와 열망이다. 이들은 포스트휴먼에 대한 새로운 가치와 신념을 역설한다. 인형사는 공안 6과의 공성 방벽을 뚫지 못해 의체를 선택하고 쿠사나기와의 융합(만남)을 통해 자신을 버리고 재생산을 선택한다. 쿠사나기는 인형사와 융합해 자신을 버리고 '어린이'라는 새로운 생명체로 다시 태어나는 선택을 한다. 인형사와 쿠사나기는 결과적으로 남겨지는 것(selection)을 선택하지 않고 능동적으로 뭔가를 '선택'(choice)한다.

인형사는 원하는 대로 공장에서 만든 의체를 가질 수 있고 선택할 수 있다. 인형사에게 물리적 제한성은 없고 희소성도 없다. 인형사에게 의체는 끊임없는 흐름 속에서 다른 것으로 생산될 때 가치를 갖는다. 그래서 기존 젠더와 인종과 같은 이분법적 개념은 무의미해진다. 인형사의 고스트는 사이버 공간이라는 흐름의 공간에서 원자의 자유롭고 무작위적이고 휙 빗나가버린 움직임에서 발생한 클리나멘처럼 발생한다. 인형사는 쿠사나기와의 결합을 통해 또 다른 새로운 생명체를 생산한다. 새로 탄생한 생명체는 이전의 쿠사나기도 인형사도 아니다. 새로운 종이 발굴, 발견, 발명된 것이다. 생명체 사이 경계의 무력화는 새로운 생명체에 대한 상상과 발굴에서부터 시작된다.

〈공각기동대〉의 사이보그 쿠사나기와 인공지능 인형사는 인간과 기계의 불연속을 깨고 새로운 포스트휴먼적 존재성을 갖는다. 쿠사나기와 인형사는 융합을 통해 이기적 유전자를 세계에 전파한다. 이로써 쿠사나기와 인형사는 매즐리시의 네 번째 불연속을 깬다.

신유물론에는 전체가 담을 수 없는 부분이 존재한다. 〈공각기동대〉의 쿠사나기와 인형사의 결합으로 새로운 생명체가 탄생할 뿐만 아니라 사이보그 쿠사나기와 인공지능 인형사는 스스로 생명체임을 증명한다. 전통적 유물론은 '전체 〉 Σ 부분', 주류 사회과학은 '전체 = Σ 부분', 신유물론은 '전체 〈 Σ 부분'이다. 신유물론은 인간과 자연, 인간과 기계, 주체와 객체의 근대 이원론을 부정하고 비이원론의 입장을 견지해 다양한 비인간 존재자 또는 확장된 행위자들의 부상으로 부분의 합이 더 크다. 신유물론에는 기계와 같은 비인간이 등장하고, 인간과 비인간이 더 이상 이분법으로 분류되지 않는다. 더구나 비인간의 운동은 인간의 사고와 통제에 포착되지 않는 독자적인 행동 패턴과 같은 특이성을 보인다.

생기적 신유물론

'생기적 신유물론'(vital new materialism)은 들뢰즈의 1960년대 바뤼흐 스피노자(Baruch Spinoza)의 코나투스 이론(고트프리트 라이프니츠 Gottfried Leibniz의 코나투스)에 대한 독해에서 시작된다.[101] 근대 유물론자들과 달리 스피노자와 라이프니츠는 자연이 '내재적 생명력'에 의해 정의된다고 생각했다. 스피노자와 라이프니츠에게서 힘(생명력)은 물질에 내재한 것으로 물질은 힘 그 자체다. 스피노자는 코나투스를 가장 높은 존재론으로 격상했다. 스피노자의 철학은 내재적 힘인 코나투스의 존재론이다.

스피노자는 신유물론적 사유의 핵심을 관통한다. 스피노자에게 신체와

---

[101] Diana Coole and Samantha Frost, *New Materialisms: Ontology, Agency, and Politics*, Duke UP, 2010, p. 9.

정신은 서로 다른 게 아니라 하나의 유일한 것이다. 신유물론적 사유의 핵심이 끊임없이 이원론을 돌파하고 그것을 재탐색하는 것이라면 정신은 신체의 관념이고 신체는 정신의 대상이라는 스피노자의 철학은 신유물론의 핵심을 관통한다. 정신과 신체의 구분과 경계가 아니라 정신과 신체의 본질적 통일성이 실현되는 것에서 신유물론적 사유의 핵심을 알 수 있다.[102]

스피노자에게 몸(신체)은 역량이다. 바라드가 실례로 제시한 '거미불가사리'에서 보듯이 몸은 변용하거나 변용될 수 있는 역량이다. 신체의 변용이나 변이는 클리나멘 운동이며 생성을 가능하게 하는 것이다. 이때 신체와 정신의 경계는 무력화되어 정신의 지배를 받는 신체는 없다. 이처럼 신유물론은 신체와 정신, 인간과 비인간의 경계를 무력화한다. 신유물론은 유물론의 탈물질화 경향과는 다르다. 신유물론은 유물론의 '재물질화'라고 할 수 있다.

생기적 신유물론은 비인간적 물질이 자기인식에서 무능하다고 가정하는 고대 유물론과 근대 유물론의 인간중심주의를 극복하려고 한다. 포스트-들뢰즈주의자 제인 베넷은 대표적인 생기적 신유물론자다. 베넷은 물질성(materiality)에 내재하는 생명성을 이론화하고 물질성을 수동적 또는 신성하게 주입된 실체라는 형상들로부터 떼어 놓았다. "'생동하는 물질'(vibrant matter)은 인간이나 신의 활동을 위한 재료가 아니다."[103] 생동하는 물질은 창조적인 것이다. 다이아나 쿨(Diana Coole)과 사만다 프로스트(Samantha Frost)는 물질에는 능동적, 자기창조적, 생산적, 예측 불가능한 것으로 만드는 힘, 생명, 관계성, 차이가 있다고 주

---

102 Benedictus de Spinoza, *Ethica*, Penguin Classics, 1996.
103 Jane Bennett, op. cit., xiii

장했다.[104] 구유물론과 생기적 신유물론의 차이는 '생명력의 내재적 능동성'이다. 생동하는 물질은 결정론적, 유신론적, 자연주의적, 인식론적이지 않다. 생기적 물질은 인간 의식, 언어, 사회 구조에 의해 포착되지 않으며 그 자체가 실재적, 능동적, 창조적이다.

생기적 유물론 비판

캐서린 헤일스(Katherine Hayles)는 생기론적 신유물론을 비판하며 '과학 기반의 신유물론적 관점'을 제시했다. 헤일스는 생기론적 신유물론이 '힘'(force)의 개념을 명확히 정의하지 않고 다양한 종류의 힘을 구분하지 않는다고 지적했다. 헤일스는 과학적 연구에서 힘의 다양한 형태가 정밀하게 조사되어 왔음을 강조하며 이러한 구분 없이 물질의 활력을 논하는 것은 과학적 정밀성이 결여되었다고 비판했다.

헤일스는 『비사고: 인지적 무의식의 힘』(*Unthought: The Power of the Cognitive Nonconscious*, 2017)에서 인간의 인지 작용이 의식적인 사고뿐만 아니라 비의식적인 신체적·기술적 과정에서도 발생한다고 주장했다. 인간의 사고는 의식적으로 파악되는 것보다 훨씬 넓은 비의식적·비인간적 차원에 의존한다. 인지 시스템은 인간만의 것이 아니라 기계와 네트워크를 포함하는 비생명적 구조들 속에서도 작동할 수 있다. 헤일스는 인간과 기술의 상호작용, 인지 비의식, 기술-인간 공진화(technogenesis)에 중점을 두며 물질의 자율적 활력보다 기술적 매개체와 인간의 관계를 통해 새로운 인지적 가능성을 제시했다.

기술-인간 공진화는 인간의 인지 능력과 기술적 시스템이 서로 영향을

---

[104] Diana Coole and Samantha Frost, op. cit., p. 9.

주고받으며 발전하는 것을 의미한다. 헤일스는 이러한 상호작용을 통해 새로운 인지적 가능성이 어떻게 발생하는지를 탐구하며 생기론적 신유물론이 '힘의 본성에 관한 불명확성' 때문에 힘 사이에 구별이 안 된다고 지적했다.[105] 헤일스는 생기론적 신유물론이 삶과 죽음, 능동성과 수동성 간에 뒤얽힌 관계를 사유할 수 없으며 비생명에 대한 생명의 특권, 비인간적 신체들의 착취와 약탈에 기반해 왔다는 함축들을 회피할 수 없다고 주장했다.

헤일스는 제인 베넷의 사물에 대한 관점에 대해 사물이 수행적 연결 이전에 특정 생명력을 소유한다는 주장에 비판적이다. 헤일스는 힘이 물질적 관계를 앞서면 힘이 관계들의 수행적 상호작용으로 존재할 수 없다고 지적했다. 헤일스는 과학적 정밀성과 기술-인간의 상호작용을 강조하는 신유물론적 접근을 통해 생기론적 신유물론의 한계를 지적하고 새로운 인지적 가능성을 모색했다. 이로써 생기론적 신유물론은 형이상학적 입장으로 남았다.

부정적 신유물론(Negative New Materialism), 사변적 리얼리즘, 객체지향 존재론

부정적 신유물론은 사유와 물질의 관계를 거부한다. 퀭탱 메이야수(Quentin Meillassoux)의 '사변적 리얼리즘'(speculative realism)에서 존재는 사유로부터 분리되어 독립적이다. 메이야수의 '사변적 리얼리즘'은 인간중심주의를 비판하고 인간의 인식과 무관한 실재의 존재를 주장하

---

[105] Katherine Hayles, *Unthought: The Power of the Cognitive Nonconscious*, U of Chicago P, 2017, p. 80.

는 철학적 흐름이다. 메이야수는 '상관주의'(correlationism)를 비판하며 인간과 세계의 상호관계에 의존하지 않는 '절대적 실재'를 탐구했다.

메이야수는 인간의 인식과 무관하게 존재하는 실재를 '절대적 외부'(The Great Outdoors)로 명명하며 수학을 통해 그것에 접근했다. 메이야수는 수학이 인간의 주관성과 무관하게 존재하는 세계의 특성을 기술할 수 있는 도구라고 주장했다.

부정적 유물론에서 존재는 사유 밖에 존재한다. 그래서 사유는 존재를 생각할 수 있다. 메이야수는 원자와 허공(void)이 실재의 궁극적 요소라는 주장을 거부했다. 메이야수에게 물질은 우발적이며 주어진 순간에 뭐든지 생산할 수 있다.[106] 메이야수는 모든 것은 우연적이며 이러한 우연성이 필연적이라는 '우연성의 필연성' 개념을 제시했다. 메이야수의 유물론은 물질과 사유에 대한 설명 불가능한 이원론에 기반한다. 메이야수에게 필연적 존재자는 불가능하다. 존재자의 우연성이 필연적이다. 근대 질서와 근대 과학의 물질은 필연성에 의해 안정적이고 고정적이다. 하지만 물질 그 자체는 씨줄과 날줄을 횡단하며 운동한다. 따라서 물질은 우연적이고 유동적이며 상호결정성을 유지한다.

부정적 신유물론의 두 번째 경향은 '객체지향 존재론'(object oriented ontology)이다. 그레이엄 하먼(Graham Harman)이 학계에 등단시킨 객체지향 존재론은 물질에 관해 인간의 경험 너머 실재(the real)를 사유하는 이론적 시도다. 하먼의 객체지향 존재론은 물질의 실존을 거부하는 첫 번째 유물론이다.[107] 사변적 존재론과 객체지향 존재론은 인간과 사물의

---

[106] Quentin Meillassoux, "The Immanence of the World Beyond," *The Grandeur of Reason: Religion, Tradition and Universalism*, eds. Peter M. Candler and Conor Cunningham, SCM Press, 2009, pp. 444-479.

[107] Graham Harman, *Tool-Being: Heidegger and the Metaphysics of Objects*, Open Court, 2002, p. 293.

관계에서 벗어나 인간과 무관하게 성립하는 객체와 객체의 관계를 사유하는 철학이다. 그렇다고 해서 객체지향 존재론이 인간을 배제한 채 객체에 접근하는 방법론은 아니다. "인간을 제거하는 것이 아니라 인간 자신이 객체라는 것이다. 인간은 객체에 대한 특권적 관찰자가 더 이상 아니다. 인간은 객체와 공생하는 또 하나의 객체일 뿐이다."[108]

부정적 신유물론은 물질로부터 사유를 끊는 비관계적 합리주의이기 때문에 유물론이 아니라고 할 수 있다. 인간중심주의를 극복하고 새로운 리얼리즘을 전진시키는 것이라고 해도 부정적 신유물론은 사유를 인간에게만 허용하며 사유를 비물질적인 것으로 취급한다.

수행적 신유물론(Performative New Materialism)

수행적 신유물론은 존재론, 행위성과 관계성, 인간적 관찰에 주목한다. 캐런 바라드(Karen Barad)와 비키 커비(Vicki Kirby)가 대표적인 수행적 신유물론자다. 신유물론은 인식론에서 존재론으로 이동을 알리지만 바라드의 수행적 접근에서는 존재론과 인식론이 연결된다. 바라드는 닐스 보어(Niels Bohr)가 에르빈 슈뢰딩거(Erwin Schrödinger)와 베르너 하이젠베르크(Werner Heisenberg)의 '인식론적 해석'에 반대하는 '존재론적 해석'을 제시했다고 주장하며 이 논쟁에 참여했다. 바라드는 닐스 보어의 존재론적 통찰력으로, "실체(entity)가 결정론적으로 존재하지 않는다."라고 주장한다. 바라드는 실재(reality)에 대한 '존재 인식론적' 사고

---

108 그레이엄 하먼, 『비유물론: 객체와 사회이론』, 김효진(역), 갈무리, 2020, p. 110.

를 제안했다.[109] 관찰은 선재하는 가치를 드러내는 것이 아니라[110] 관찰이 가치(속성)를 구성한다. 바라드는 "인간이 지적 실천에 참여하는 한 그들은 더 큰 세계의 물질적 배치의 일부로 행위하며 계속되는 제한 없는 연결에 연루된다."라고 주장했다.[111] 인간은 부분적으로 구성하며 관찰에 따라 부분적으로 구성된다. 존재 인식론적 설명은 바라드가 '행위적 실재론'이라고 부르는 것으로 수행적이고 관계적인 유물론이다.

대표적 신유물론자들의 이론과 실천

신유물론은 1990년대 후반 마누엘 데란다(M. DeLanda)와 로지 브라이도티(R. Braidotti)를 중심으로 학계에 등단했고 2000년대 이후 근대의 이분법적 사고를 해체하고 '물질의 능동적 행위성'을 인정하는 새로운 학문적 패러다임이 되었다. 이후 퀑탱 메이야수, 제인 베넷, 도나 해러웨이 등 여러 학자가 과학기술시대의 사상적 흐름에서 신유물론의 지평을 넓게 펼쳐내 다양한 분야에서 신유물론 논의가 활발히 진행 중이다. 스테이시 앨러이모(Stacy Alaimo), 낸시 투아나(Nancy Tuana), 제인 베넷, 도나 해러웨이, 캐런 바라드 같은 신유물론자들은 존재의 관계적 모델을 주장하고 이들의 신유물론은 인간중심주의가 아니라 인간과 비인간, 물질성과 담론이 함께 만들어가는 '관계적 세계관'을 지향한다. 이들은 엄격한 경계 없이 자연과 끊임없이 주고받으며 상호침투하며 다른 몸들과 상호작용하는 신체를 개념화한다.

---

[109] Karen Barad, *Meeting the Universe Halfway: Quantum Physics and the Entanglement of Matter and Meaning*, Duke UP, 2007, pp. 43–44.
[110] Ibid., p. 265.
[111] Ibid., p. 342.

신유물론의 선구자, 브루노 라투르, 행위자 네트워크 이론

브루노 라투르는 '행위성이 있는 비인간'이라는 물질에 대한 새로운 관점을 제시해 신유물론의 선구자로 불린다. 행위성이 있는 비인간은 인간과 다르지만 인간과 동등한 행위성을 가진 '사물'이다. 라투르의 비인간 사물은 '확장된 행위자'(extended agent) 개념으로 인간중심주의가 구축한 '물질에 대한 추상적 관념'을 극복한다.

라투르는 인간과 비인간이 '공존'하는 '혼종 양식'을 제시했다. 하이브리드(Hybrid) 또는 하이브리드화(Hybridization)는 인간과 비인간, 자연과 문화의 경계를 넘나드는 혼합을 의미하며 이는 과학실험실이라는 제도적 공간 안에서 이질적 요소들이 반복적으로 결합되는 과정을 통해 이루어진다. 과학실험실은 하이브리드 생성의 제도적 장치다. 유전자 조작 생명체, 인공지능 로봇, 기후 시뮬레이션 모델 등이 활발히 일어나는 장소는 실험실이고 데이터는 실험실에서 기술 장치, 인간 해석, 사회적 맥락이 얽혀 만들어낸 산물이다.

라투르는 '사물의 의회' 개념을 통해 하이브리드의 의미를 새롭게 인식할 가능성을 열었다. 라투르는 근대가 파괴한 공존을 회복하는 방법론을 제시했다. 공존의 회복은 헌법이 아닌 비헌법이고 새로운 정치적 회집(assembly)은 '사물의 의회'다. 이때의 헌법은 국가, 근대적인 것을 의미한다. 근대에는 국가가 정치를 독점했다. 사물의 의회는 라투르가 정치생태학에 관한 자신의 생각을 명확히 하기 위해 사용한 사고 구성물이다. 사물의 의회에서 참여자들은 자연과 문화의 구분을 넘고 인간적인 것과 인공적인 것의 구분을 넘어 좋은 공동 세계를 마련하기 위해 두 가지 근본적인 질문에 답한다. '우리는 얼마나 많은가?', '우리는 함께

살 수 있는가?"[112] '공존의 회복'은 헌법(국가, 근대적인 것)이 아니라 비헌법(비국가, 비자본, 비시장, 커먼즈 모두 행위자(actor)가 될 수 있다)으로 회집하는 것이다.

라투르는 인류세의 '생태 위기'를 무한 성장과 발전을 향한 헛된 꿈과 탐욕이 아니라 다른 데서 그 원인을 찾았다. 라투르는 비인간들, 즉 '사물'의 행위성과 권리를 무시한 근대주의의 이원론을 생태 위기의 원인으로 제시했다. 라투르의 생태화(Ecologization) 개념은 근대화의 대립항이다. 생태화는 인간과 비인간의 집합적 삶에서 일어나는 광범위한 변형에 대한 전망을 가리킨다. 근대화가 집합체를 자연과 문화로 분리하는 데 반해 생태화는 현재의 생태 위기로 증명되는 인간, 동물, 생태계, 기술 간에 점점 더 복잡해지는 상호얽힘을 인정한다. 생태화는 비인간 세계의 가치를 명시적으로 고려하는 관계주의적 윤리를 지향한다.

라투르가 사회, 생태, 지구를 바라보는 관점은 기존 유물론의 그것과 다르다. 기존 유물론은 생산관계, 교환관계, 계급관계 등 비인간적인 것을 인간관계로 환원해 사유한다.[113] 라투르는 인간관계로 환원하는 기존 유물론과 다른 관점을 제시한다. 기존 유물론에서 객체는 행위성이 없다. 라투르의 신유물론은 비인간 존재에게 행위성을 부여한다. 행위성이 있는 비인간은 종(種)으로는 인간과 다르지만 인간과 동등한 행위성을 가진 사물이다. 이때 비인간 사물은 행위자(agent)다.

라투르의 행위자 연결망 이론(Actor Network Theory, ANT)은 인간과 비인간, 자연적인 것과 인공적인 것의 경계를 넘나드는 하이브리드

---

[112] Bruno Latour, *Facing Gaia: Eight Lectures on the New Climatic Regime*, Polity Press, 2017.
[113] 마르크스 유물론에서 자연은 인간의 비유기적 신체다. 인간의 확장된 신체로서 자연은 그 자체로 인공물이라는 자연을 생산한다. 인공물은 단순한 노동수단이 아니라 행위자로 역사를 창조한다. 마르크스의 유물론은 인간중심주의가 아니다.

세계를 전제로 한다. 이러한 세계는 끊임없이 새로운 연결로 확장된다. 라투르의 행위자 연결망 이론(ANT)에서 비인간, 객체, 자연, 지식, 기술, 인공지능은 행위자(actor)다. ANT는 '총'과 '사람'의 관계로 설명될 수 있다. 총기 살인은 총과 사람이 연결된 집합적 행위자인 '총–사람'이 초래한 결과다. 사람의 손에 총이 있었기 때문에 총의 속성과 사람의 속성이 교환되는 동시에 두 행위자가 변하면서 총기 살인이라는 집합적 행위가 발생한다. 사람과 총은 주체와 대상이 아니라 무엇과 무엇이 어떤 연결을 맺느냐에 따라 현상이 달라질 수 있다. 인간과 비인간 존재들의 포괄적이고 상대적으로 지속적인 결합인 집합체(The Collective)는 사회나 문화에 상응한다. 라투르는 사회를 국민국가와 동일시하지 않았다. 라투르는 세계가 많은 집합체로 이루어져 있다고 보았다.

ANT에서 '번역'(translation)은 다양한 행위자들이 네트워크 내에서 자신의 이해관계를 타인과 조율하고 동맹을 형성하는 과정이다. ANT는 '번역의 사회학'으로 구상되었다. 번역은 라투르가 기술혁신을 설명하기 위해 사용한 기본 개념이다. 기술혁신은 다수의 이종적 요소를 소수의 강력한 대표자의 영향력 범위 안으로 번역해 넣는 과정으로 묘사된다. 번역은 한 행위자가 다른 행위자의 강점을 빌려오는 방식으로 두 행위자가 연관되는 과정을 나타낸다. 라투르는 문맥에 따라 번역 개념을 하이브리드화, 매개, 순환 결합이라는 용어로 표현한다. 라투르는 관계성, 변화의 맥락, 융합성, 연결성의 맥락에서 기술혁신시대를 이해한다.

스테이시 앨러이모, 횡단 신체성

스테이시 앨러이모는 『말, 살, 흙: 페미니즘과 환경 정의』(*Bodily*

Natures: Science, Environment, and the Material Self)에서 시공간을 초월해 다른 존재와 연결될 수 있는 '횡단 신체성'(transcorporeality)을 주장했다. 횡단 신체성은 다이아몬드와 흑연의 관계에서도 명확히 드러난다. 다이아몬드와 흑연의 구성 원소는 탄소다. 탄소의 결합 방식에 따라 다이아몬드가 되거나 흑연이 된다. 구성 요소가 같더라도 어떤 것은 다이아몬드가 되고 다른 어떤 것은 흑연이 될 수 있다. 원래 무엇이라는 것은 선험적으로 있는 것이 아니라 구성 원소들의 '관계 맺음'과 '연결 방식'에 따라 달라질 수 있다.

앨러이모의 횡단 신체성 개념에 의하면 인간의 몸은 인간을 넘어서는 세계에 개방되어 있다. 낸시 투아나(Nancy Tuana)의 '끈적이는 다공성' 개념에 의하면 인간의 몸과 세계의 몸 사이의 경계에는 투과성이 있다. 횡단 신체성과 끈적이는 다공성은 경계를 무력화하는 방식이며 '관계적 존재론'(relational ontology)에 기초하는 새로운 몸 개념이다. 관계적 존재론은 다른 (비)인간들과 얽혀 함께 생성된다는 사실을 받아들임으로써 인류가 직면한 환경 위기와 불공정한 사회 구조를 변화시킬 수 있는 물질적, 존재론적 전회를 향한다.

반면, 근대적 사유에서 실재는 선험적으로 정해져 있고 우리가 실재를 어떻게 인식하느냐에 따라 실재는 달라질 수 있다. 정체성은 고정된 것이 아니라 만들어지고 재구성되는 것이고 모든 존재자는 스스로 만들어가는 존재다. 신유물론에서 '나'라는 존재는 '관계 맺음'과 '연결 방식'에 따라 달라지는 수행적 존재다. 앨러이모는 횡단 신체성 개념으로 다양한 물질이 우리 몸을 가로지르며 경계를 넘는다는 것을 강조한다. 앨러이모의 횡단 신체성은 캐런 바라드의 수행적 신유물론의 핵심인 만남, 내부 작용, 관계론적 존재론과 맞닿아 있다.

신유물론은 근대가 배제한 타자를 복원하는 실천이다. 신유물론은 근대에 끊긴 관계를 복원한다. "모든 것은 연결되어 있으며 인간도 물질적이며 창발적인 세계의 구성 요소 중 하나다."[114] 기계와 기술뿐만 아니라 여성, 장애, 자연, 난민, 우주 등 모든 존재자와의 구분을 무력화해 관계를 복원하는 것이다. 구분으로 인한 차별을 없애고 각각의 권리를 복원하고 각각의 행위성을 인정하는 것이 인간과 세계의 본질적 통일성을 실천하는 첫걸음일 것이다.

로지 브라이도티의 공구성론, 자연-문화 연속체

로지 브라이도티는 신유물론을 통해 인간중심주의와 언어중심주의를 넘어서는 생기적이고 관계적인 존재론을 제안했다. 브라이도티의 신유물론은 물질의 활력, 탈중심화된 주체(Posthuman Subjectivity), 긍정의 윤리, 생명 정치 개념으로 요약될 수 있다. 브라이도티에게 물질은 분리된 자연과 문화를 재연결하는 횡단적 힘이다. 물질은 자연과 물질을 횡단하는 힘으로 살아 있는 것이다.

브라이도티는 이러한 물질을 생명(조에, Zoe)이라고 부른다. 생기적 유물론은 조에 중심의 평등주의(Zoe-centered egalitarianism)이며 인간중심주의와 상반되는 개념이다. 물질이 살아 있기 때문에 인간-비인간, 인간-물질, 문화-자연, 인간-동물, 인간-여성 등은 동등하다. 살아 있는 물질의 횡단성으로 자연과 문화는 분리된 것이 아니라 연속체이고 전일적 세계관을 구성한다. 브라이도티의 신유물론에서는 자연-문화 연속체와 횡단성이 중요한 개념이다.

---

[114] Stacy Alaimo, *Bodily Natures: Science, Environment, and the Material Self*, Indiana UP, 2010, p. 63.

브라이도티는 신유물론을 '푸코 이후 인간 주체성의 신체화된(embodied) 구조를 재사유하기'라고 규정한다.[115] '○○되기'에서 ○○과 인간은 존재론적 위계가 없는 횡단적 차이다. 이때 인간은 포스트휴먼이다. 횡단적 차이가 일어나는 공간이 '자연-문화 연속체'(nature-culture continuum)다. 이 연속체는 인간과 비인간, 자연과 문화의 경계를 유기적으로 연결하는 혼종의 장이며 인간과 자연의 본질적 통일성이 실현되는 세계다.

> The nature-culture continuum is the site where the boundaries between the organic and the technological, the natural and the cultural are blurred. It is the terrain of the posthuman subject.[116]

> 자연-문화 연속체는 유기적인 것과 기술적인 것, 자연적인 것과 문화적인 것 사이의 경계가 흐려지는 장소다. 이곳이 바로 포스트휴먼 주체가 자리하는 지형이다.

브라이도티는 마르크스주의적 사회구성체가 전제하는 생산력과 생산관계의 결정론적 구조에서 벗어나 존재론적 · 물질적 차원에서 관계성을 탐색한다. 브라이도티의 "횡단성은 차이 사이를 가로지르는 상호연결의 양식이며 동화(assimilation)도 반대(opposition)도 아닌 관계 맺기의 실천이다."[117]

---

[115] Rosi Braidotti, *Nomadic Subjects: Embodiment and Sexual Difference in Contemporary Feminist Theory*, 2nd ed., Columbia UP, 2012, p. 158.
[116] Rosi Braidotti, *The Posthuman*, Polity Press, 2013, p. 89.
[117] Rosi Braidotti, *Nomadic Subjects: Embodiment and Sexual Difference in Contemporary Feminist Theory*, Columbia UP, 2012, p. 82.

브라이도티의 공구성론(co-construction)은 '자연-문화 연속체'에서 동물, 여성, 자연, 기계 되기에서 인간과 비인간의 관계를 공구성의 관계로 제시한다. 공구성론에서 존재는 사전에 규정된 고정된 본질을 가지지 않으며 관계 속에서 함께 구성되고 끊임없이 변형되는 과정이다. 공구성론에서 인간중심주의적 위계는 와해된다. 공구성론은 신유물론의 윤리적·정치적 실천 기반을 제공한다. 브라이도티는 공구성된 주체성을 바탕으로 타자와의 연결성, 비폭력성, 생태적 연대, 생명권 확대 등의 포스트휴먼 윤리를 주장한다. 브라이도티는 신유물론의 흐름 속에서 탈근대적, 탈인간적 시각과 생기적, 관계적, 횡단적 존재론과 접점을 이룬다.

캐런 바라드와 신유물론

캐런 바라드의 신유물론은 '만남'이다. 바라드는 '만남'과 '내부 작용'(intra-action)으로 존재를 설명한다. 바라드의 내부 작용은 만남을 전제한다. 내부 작용의 결과로 '나'라는 관계적 존재가 발생한다. 모든 현실적 삶은 만남(관계 맺음과 연결 방식)에서 비롯된다. 바라드의 만남은 관계적 존재론(relational ontology), 행위적 실재론, 인식론적 존재론 개념으로 전개된다.

바라드에게 존재의 기본 단위는 '독립된 사물'이 아닌 '현상'이다. 현실의 기본 단위는 독립 개체가 아니라 '관계(relations)의 현상'이다. 관계적 존재론에서는 만남과 관계가 중요하고 세계는 물질과 의미의 얽힘(entanglement)이라는 관계성으로 작동한다. 관계적 존재론에서 타인(대상)이 없는 나의 존재는 없으며 우리가 없는 나의 존재도 없다. 나의 실존과 우리의 실존은 분리 불가능한 것이다. 바라드에게 '행위성'(agency)

은 '타인에게 응답하는 능력'(response ability)이며 상호적 응답이다. 우리는 세계의 외부적 관찰자가 아니라 "우리가 이해하려는 자연의 일부다."[118] 이 지점에서 횡단 신체성의 스테이시 앨러이모와 바라드는 만난다. 신유물론자들은 물질의 능동성 주장에서 의견이 일치한다. 신유물론자들은 서로 참조하고 자신의 논의를 발전시켜 나가면서 신유물론이라는 플랫폼을 공유한다.

신유물론과 양자역학

신유물론은 양자역학적 사유를 관통한다. 바라드는 양자역학 개념 중에서도 '불확정성의 원리'와 '상보성의 원리'에 주목한다. 독일 양자물리학자 베르너 하이젠베르크(Werner Karl Heisenberg)의 불확정성 원리(uncertainty principle)에 의하면 위치와 운동량을 정확히 측정하는 것은 불가능하다. 위치와 운동량에 대한 불확정성 원리는 물리 시스템의 위치와 운동량에 정확한 동시 값을 부여할 수 없다는 것이다. 이러한 물리량들은 특정한 불확실성을 통해서만 결정될 수 있다. 불확정성 개념은 양에 대한 관찰자의 지식 부족을 의미하거나 양이 측정되는 실험적 부정확성 또는 양의 정의에서 어느 정도의 중의성이나 유사하게 준비된 시스템 조합에서 통계적 분포를 의미한다.

사람들은 불확실하거나 불분명한 것을 싫어하거나 두려워하고 심지어 증오하기도 한다. 하지만 불확실성은 피해야 할 대상이 아니라 우리를 성장시킬 기회가 될 수 있다. 의심과 질문은 더 깊은 이해와 통찰로 이어지는 자연스러운 과정이며 불확실성은 우리에게 겸손과 열린 마음을

---

[118] Karen Barad, op. cit., p. 67.

가르친다. 과학기술이 발전하고 정보가 폭발적으로 증가하는 현대 사회에서 불확정성이 더 커지고 있다. 이러한 시대일수록 불확정성을 받아들이고 다루는 능력이 중요해졌다. 우리는 교육을 통해 불확정성을 다루는 능력을 키워야 하며 비판적 사고력과 열린 마음을 균형적으로 발달시켜야 한다. 불확정성에 대한 집단적 두려움은 극단주의나 음모론으로 이어질 수 있으므로 사회적 대화와 토론을 통해 다양한 관점이 공존하는 문화를 만들어가야 한다. 불확정성은 피할 수 없는 현실이지만 받아들이고 함께 다루어 나갈 때 더 성숙한 개인과 사회가 될 수 있다.

사람들은 과학이 모든 것을 명확히 설명하고 예측할 수 있다고 생각한다. 뉴턴의 고전 물리학이 보여준 결정론적 세계관에 매료되어 우리는 모든 것이 인과관계로 설명되고 예측 가능하다고 여전히 믿고 싶어한다. 하지만 양자역학은 전혀 다른 세계를 보여준다. 입자의 위치와 운동량을 동시에 정확히 측정할 수 없다는 하이젠베르크의 불확정성 원리는 자연 세계의 근본적인 불확정성을 보여준다.

양자역학적 사고방식으로의 전환은 모든 것을 이것 아니면 저것으로 나누는 이분법적 사고, 절대적 확실성을 추구하는 태도에서 벗어나는 것이다. 입자가 동시에 다양한 상태로 존재할 수 있다는 양자 중첩처럼 우리의 사고도 다양한 가능성이 공존하는 것을 받아들여야 한다. 고전 물리학적 사고에 갇혀 모든 것을 확실히 규정하려는 과학은 진정한 과학이 아니다. 불확실성을 부정하거나 무시하는 과학은 오만과 편견으로 점철될 수밖에 없다. 복잡하고 불확실한 세상에서 단순한 인과관계만으로 모든 것을 설명할 수 있다고 믿는 것은 과학의 본질을 왜곡하는 것이다.

양자역학적 사유는 배타적 논리에서 중첩의 논리로, 확실성 추구에서 가능성 탐구로의 전환에 관한 것이다. 양자역학은 한 가지 상태만 인정하는 배타성을 넘어 다양한 상태가 동시에 존재할 수 있다는 중첩성을 받아들일 때 이해될 수 있는 과학적 사유다. 불확정성은 과학의 한계가 아니라 더 깊은 이해로 가는 길이며 새로운 발견의 출발점이다. 우리가 불확정성을 인정하고 받아들일 때 비로소 더 성숙한 과학적 사고가 가능하다. 과학은 우리에게 절대적 진리가 아닌 확률적 진실을 보여준다. 이것이 과학의 한계가 아니라 오히려 과학의 정직함이자 장점이다. 불확실성을 받아들이는 겸허한 자세로 우리는 더 넓은 세계를 볼 수 있다.

신유물론과 닐스 보어의 상보성 원리

닐스 보어의 상보성 원리(complementary principle)는 빛이나 전자가 입자성과 파동성의 이중성을 갖기 때문에 위치와 운동량 중 한쪽을 정확히 측정하는 순간 다른 쪽이 정확히 측정될 수 없다고 한다. 즉, 위치를 정확히 측정하려고 하면 입자성이 두드러지고 파동성은 가려져 운동량에 대한 정보가 불확실해진다. 반대로 운동량을 정확히 측정하려고 하면 파동성이 두드러지고 입자성은 가려져 위치에 대한 정보가 불확실해진다.

상보성 원리는 하이젠베르크의 불확정성 원리와 밀접한 관련이 있지만 상보성 원리는 단순히 측정의 한계를 넘어 양자 대상의 근본적인 속성에 대한 해석을 제공한다는 점에서 차이가 있다. 즉, 입자성과 파동성은 배타적인 것이 아니라 대상을 설명하는 다른 관점으로 상보성 원리에서 선택하는 관점에 따라 드러나는 성질이 달라진다.

하이젠베르크의 불확정성 원리와 보어의 상보성 원리는 양자역학의 핵심 개념이다. 두 원리는 뉴턴 고전역학의 결정론적 세계관을 반박하며 양자 세계에서의 불확실성과 한계를 강조한다. 두 양자역학 이론은 관측자가 물리적 대상에 영향을 미친다는 점을 강조하고 관측 이전의 객관적 실재를 정의하기 어렵다는 점에서 근대 과학의 관찰-대상 구도를 재구성한다. 이러한 공통점에도 불구하고 이들의 철학적, 과학적 지향점은 분명한 차이가 있다.

불확정성 원리는 측정의 한계성을 강조하는 반면, 상보성 원리는 현상 해석의 맥락을 강조한다. 불확정성 원리는 입자의 위치와 운동량을 동시에 정확히 알 수 없지만 상보성 원리에서 빛이나 입자는 입자의 성질과 파동의 성질을 동시에 가질 수 없으며 실험 상황에 따라 상보적으로 드러난다. 정리하면 불확정성 원리는 물리량의 측정 한계를 수학적으로 기술한 원리이고 상보성 원리는 양립할 수 없는 두 실험 결과의 해석 틀을 제공하는 철학적 원리다. 바라드는 상보성 원리의 철학적, 해석적, 맥락적 현상에 주목해 수행적 신유물론을 발전시켰다.

보어에게 사물은 본질적으로 확정된 경계나 속성을 갖지 않는다. 바라드는 보어의 존재론적 통찰과 신유물론자들의 관계적 존재론을 발전시켜 인간과 비인간을 포함하는 물질적인 몸에 대한 '수행성' 이론을 전개한다. 바라드의 물질적 전회(material turn)는 수행성에 있다. 수행성은 세계에 대한 직접적인 물질적 참여에서 나온다. 바라드에게 실험하기, 이론화하기, 알기, 측정하기, 관찰하기는 물질적 실천이고 세계를 구성하는 '물질적 참여'다.

캐런 바라드의 신유물론과 양자역학

바라드에게 존재의 기본 단위는 '현상'이다. 현상은 '관계들'이다. 현상은 가장 작은 물질 단위이며 '관계적 원자'다(현상=관계=관계적 원자).

현상이 현실을 구성한다. 바라드는 현상의 내부가 존재론적 비결정성(indeterminacy)을 가진다고 보았다. '내부 작용'(intra action)을 통해서만 현상의 구성 요소들의 경계가 결정되며 '행위적 절단'(agential cut)이 존재론적 비결정성을 해결한다. 존재론적으로 불가분하고 비결정적인 현상 내에서 내부 작용과 행위적 절단을 통해 분리가 이루어진다. 행위적 분리 가능성은 절대적인 외부성 또는 절대적인 내부성을 거부한다. 행위적 분리 가능성은 변화하는 위상 배치다. 양자역학적 '분리 불가능성'과 '즉시 소통 가능성'에서 신유물론의 '행위적 분리 가능성'과 '행위적 절단'이 발생한다.

아인슈타인(Albert Einstein), 포돌스키(Boris Podolsky), 로젠(Nathan Rosen)의 이름을 딴 EPR 논문 「양자역학적 기술은 물리적 실재에 대한 완전한 기술이라고 할 수 있는가?」(Can Quantum-Mechanical Description of Physical Reality Be Considered Complete?)는 세상 한 곳에서 일어난 사건이 세상 어디에서는 즉시 현재적일 수 있다는 양자역학의 원리를 증명한다. EPR 역설(EPR Paradox)은 양자역학에 대한 철학적 반론으로 양자역학이 물리적 실재에 대한 완벽한 이론이 아니라는 주장을 뒷받침하려는 시도에서 비롯되었다. EPR이 어떤 물리량을 측정 없이도 확정할 수 있다면 실재한다는 '실재성 원리', 멀리 떨어진 두 대상은 서로 영향을 즉각적으로 미칠 수 없다는 '분리성 원리', 모든 실재적인 물리량은 이론 내에서 설명되어야 한다는 '완전성 원리'는 EPR 역설의 철학적 전제다. EPR은 양자역학이 세 가지를 동시에 만족시키지 못한다면서 양자역학은 완전하지 않다고 주장한다.

하지만 EPR 역설은 양자역학에서 공간적으로 분리된 상태들이 즉시 소통하고 정보를 교환할 수 있다는 것을 확인한다. 보어는 측정 행위는 물리량의 존재 조건이며 실재는 관측과 분리될 수 없다고 반박한다.

보어에게 공간적으로 분리된 시스템들 사이의 '즉시 소통'은 분리된 상태들이 실제로는 분리되지 않고 오히려 '한 현상의 부분들'이다.

보어의 양자역학을 계승한 바라드에게 '즉시 소통 가능성'은 현상 내부에서 상호작용하는 요소들이 공간적, 존재론적으로 분리 불가능한 것이다. 바라드는 양자역학적 사유, '공간적 분리 불가능성'과 '즉시 소통 가능성'에서 행위적 분리 가능성과 행위적 절단이라는 신유물론적 사유를 도출했다.

바라드는 보어의 양자역학을 발전시켜 존재의 분리 불가능성을 설명한다. 보어는 양자역학에 대한 일관된 해석을 추구했고 인식론적 문제를 사유했다. 보어는 기술적 개념이 물질적 장치들과 연결되는 지점을 주목한다. 그는 관찰 대상과 관찰 행위는 분리될 수 없으며, 이 둘은 특정한 물질적 · 개념적 · 인식적 실천 속에서 함께 출현하며 서로를 공동으로 구성한다고 보았다. 또한 보어는 물질적 · 개념적 배제가 상호의존적이라는 점을 밝히며, 객관적 지식의 물질적 조건과 인과관계 개념을 새롭게 공식화한다. 바라드는 보어의 이러한 인식을 일반화해 '행위적 실재론'(agential realism)으로 설명한다. 바라드는 보어의 양자역학적 인식론을 철학적으로 풀어냈다. 여기서 바라드의 행위적 실재론과 과학의 실천적 성격은 상통한다. 바라드에게 지식은 세계에 대한 직접적이고 물질적인 참여로부터 나온다.[119]

바라드의 행위적 실재론

바라드는 『우주와 중간에서 만나기: 양자물리학, 그리고 물질과 의

---

[119] Ibid., p. 49.

미의 얽힘』(Meeting the Universe Halfway: Quantum Physics and the Entanglement of Matter and Meaning, 2007)에서 양자역학의 새로운 해석을 제안하고, 실천 이론인 '행위적 실재론'을 전개한다.

> Agential realism is an epistemological—ontological—ethical framework that provides an understanding of the role of human and nonhuman, material and discursive, and natural and cultural factors in scientific and other practices.[120]

> 행위적 실재론은 인간과 비인간, 물질적 요소와 담론적 요소, 자연적 요소와 문화적 요소가 과학적 실천과 기타 실천에서 수행하는 역할을 이해할 수 있도록 하는 인식론적·존재론적·윤리적 틀이다.

> Agential realism offers a new account of the nature of material—discursive practices, including the nature of scientific practices, and thereby a new account of the production of knowledge and the materialization of the world.[121]

> 행위적 실재론은 과학적 실천을 포함한 물질-담론적 실천의 성격을 새롭게 해명하며, 이를 통해 지식이 생산되고 세계가 물질화되는 과정을 새롭게 사유할 수 있는 틀을 제시한다.

행위적 실재론은 물질세계에서 물질로 살아가는 존재자들의 능동적

---

[120] Ibid, p. 26
[121] Ibid, p. 146

역할을 제시한다. 행위적 실재론에서 '현상', '시행', '부작용', '행위적 절단'은 주요 개념이다. 신유물론자들에게 존재의 기본 단위는 현상이다. 신유물론자들에게 존재와 실재는 선험적이지 않다. 현상은 기본적인 관계이며 내부 작용하는 물질들의 존재론적 분리 불가능성이 '얽힘'이라는 '현상'이다. 즉, 얽힘이 현상이다. 신유물론에서는 주체가 아니라 '행위자'(agent), '행위성'(agency, 발현되는 현상) 개념을 주로 사용한다. 행위성은 행위자가 적극적으로 참여할 수 있도록 주도하는 현상이다. 존재는 발현되는 현상으로 확인할 수 있다.

행위적 실재론에서 '시행'(enactment)은 내부 작용하는 '하기'(doing) 또는 '되기'(becoming)다. '행위적 절단'(agential cut)은 내부와 외부를 분리하는 것으로 분리를 통해 우리는 인식한다. 행위적 실재론은 담론적 실천과 물질적 현상의 인과 관계성을 밝히는 존재인식론이다. 행위적 실재론에서 물질과 사회는 명확히 구분되는 것이 아니다. 행위적 실재론은 행위적 절단으로 확인되고 실천들의 결과다. 행위적 실재론은 인간중심주의가 아니라 인간과 비인간, 물질과 정신의 경계를 무력화하는 실천적 사유다. 경계 만들기는 세계의 일부로서 구성되는가의 문제이므로 인간과 비인간의 변별적 경계들이 구성되는 방식은 윤리적인 문제다.

윤리는 외재적 타자에 대한 응답이 아니라 생성의 활발한 관계성을 책임지는 것이다. 윤리는 자아와 타자, 여기와 저기, 지금과 그때의 얽힘에 대한 계속 진행되는, 얽혀 있는 관계성을 고려하면서 민감하게 응답하는 것이다. 이런 의미에서 신유물론은 '함께 만들어가기'(sympoietic)이며 지속적 되기와 알기의 과정이다. 해러웨이는 "우리는 부식토(humus)이지 호모(homo)나 인간(human)이 아니다. 우리는 퇴비(compost)이지 포스트휴먼(posthuman)이 아니다."라는 탈인간적, 생태적 윤리를 선언했다.[122] 바라드는 행위실재론에서 해러웨이와 유사한 방식으로 '고귀한 인간'이라는 개념을 내려놓고 인간도 퇴비처럼 썩고 변화하고 다른 생명과 얽히며 상호 책임성과 연대를 강조하는 실천적 사유인 행위실재론을 제시한다.

만들어지는 몸, 현상

바라드의 신유물론에서는 몸도 현상이다. '만들어지는 몸은 현상이다.' 모든 몸은 세계의 거듭되는 내부 작용, 수행성을 통해 물질화한다. 몸은 본질적 경계와 속성을 지닌 사물이 아니라 물질적 현상이다. 다른 몸처럼 인간의 신체는 내부 작용을 통해 경계와 속성을 획득하는 현상이다. 무엇이 인간을 구성하는가는 고정된 것이 아니다. 인간과 비인간의 변별적 경계는 물질적 실천으로 물질화 안에서 생성된다. 환경과 신체는 내부 작용으로 함께 구성된다. 명확한 경계와 속성을 지닌 인간 주체는 문화적 실천에 참여하기 이전에는 존재하지 않는다. 여기서 인간은 외부적 관찰자도 독립적 주체도 아니며 기술의 산출물도 아니다. 인간은 세계의 진행되는 재구성의 일부다. '내부 작용'(intra action)은 특정한 물질적 시행이다.

"눈 없는 생명체가 온몸이 눈인 것으로 밝혀졌다." 2001년 9월 4일 『뉴욕 타임즈』에 실린 기사에 의하면 거미불가사리의 골격계는 마이크로 렌즈로 구성되었고 빛을 모으고 집중시키며 합성 눈으로 기능한다. 바라드는 『우주와 중간에서 만나기』 8장과 「무척추동물의 시각: 거미불가

---

[122] Donna Haraway, *Staying with the trouble: making Kin in the Chthulucene*, Duke UP, 2016, p. 55.

사리의 회절」에서 거미불가사리의 시각 시스템이 육체화(embodiment) 되었다는 점에 주목한다. 거미불가사리는 눈을 많이 가진 것처럼 보이지만 많은 눈을 가진 게 아니라 몸이 눈이다. 거미불가사리는 눈의 기능이 필요했고 눈의 기능이 발달하면서 결국 몸이 눈이 되었다. 거미불가사리는 끊임없이 몸의 경계를 재형성한다. 거미불가사리는 아는 것, 존재하는 것, 행동하는 것의 분리 불가능성에 대한 증거다.

거미불가사리는 육체화의 전통적 개념에 이의를 제기한다. 거미불가사리는 몸이 만들어지고 다시 만들어진다는 사실을 보여준다. 거미불가사리는 위험에 빠진 신체 일부를 끊어버리고 그 부분을 재생시킬 수 있다. 거미불가사리는 끊임없이 자신의 위상 배치를 바꾸면서 신체 경계를 재작업하는 시각화 시스템이다. 이는 육체가 세계의 일부이며 고정된 사물이 아니라 수행성으로 존재한다는 사실을 입증한다. 육체화는 세계 안에 구체적으로 위치하는 것이 아니라 세계의 일부가 되는 것이다.

클리나멘적 물질의 역동성이 물질(사물)의 본성이다. 거미불가사리는 '알기=존재하기=행동하기'의 분리 불가능성에 대한 증거다. 아는 것이 곧 세계 참여이고 존재론적 수행이다. 아는 것과 존재하는 것은 얽혀 있는 물질적 실천이다. 아는 것은 직접적인 물질적 참여이고 세계의 일부로서 세계와 내부 작용하는 실천이다. 아는 것은 무엇이 물질화하고 물질화에서 제외되는가에 대한 우리의 변별적 민감성과 책임을 요구한다. 하나의 얽힌 상태 안에서 공간적으로 분리된 입자들은 '동일한 현상들의 일부'이기 때문에 분리된 정체성을 갖지 않는다.[123]

물리학에서 경계는 존재론적으로든 시각적으로든 확정적이지 않다. 바라드에게 신체는 '만들어지는 신체'다. 주체와 객체의 경계는 어디일까? 양자물리학자 닐스 보어는 몸 경계의 본질적 애매성을 주장한다.

---

[123] Karen Barad, op. cit., p. 377.

몸의 경계는 특정한 상호보완적 실천으로 결정된다. 바라드는 『파인만의 물리학 강의』 제1권 36장 〈시각의 역학〉을 인용하며 몸은 어디서 끝나는가에 답한다.

> To draw a box, you only need to draw the lines. The lines are not really there. There are no such lines. The only reason you think there are lines is because of your own psychological makeup.
>
> 어떤 사물을 그리려면 우리는 윤곽만 그리면 된다. 윤곽은 확고한 어떤 것이 아니다. 모든 사물은 그 주위에 어떤 선을 지나지 않는다. 그런 선은 없다. 그것은 어떤 선이 있다는 우리 자신의 심리적 구성 안에만 있다.[124]

파인만은 윤곽선이 실재하는 물리적 속성이 아니라 인간의 지각적 구성물이라는 점을 설명하며 사물의 경계에 대한 우리의 인식이 심리적·지각적 추론에 기반한다고 지적했다. 바라드에게 건강함은 존재의 자연적 상태가 아니라 건강한 몸을 장애가 있는 몸으로부터 구별하는 경계 만들기 실천을 통해 구성되는 것이다. 건강한 몸은 장애가 있는 몸과 구성적으로 얽혀 있다. 이때 장애를 어떻게 인식할지 고민하게 된다. 존재와 인식과 윤리는 서로 얽혀 있다. 육체화는 타자와 얽혀 있다는 사실에 근거한다. 따라서 육체화는 타자에 대한 책임을 전제한다. 신체는 세계의 일부로서 구성되고 얽혀 있다. 얽힘이 물질의 본성이다. 행위적 실재론에서 사물의 경계는 현실의 내부에서 현실의 일부로 확정될 뿐이다. 무엇이 안쪽이고 무엇이 바깥쪽인지도 본질적으로 비결정

---

[124] Richard P. Feynman, Robert B. Leighton, & Matthew Sands, *The Feynman Lectures of Physics. Vol I: Mainly Mechanics, Radiation, and Heat*, Basic Books, 2010, p. 36.

적이다. 따라서 신체 경계 만들기는 윤리적 문제다.

회절과 윤리

회절(diffraction)은 물리적 현상이며 세상을 만드는 근본적인 구성 요소다. 회절은 파동들이 겹칠 때 결합하고 파동들이 장애물을 만날 때 휘고 퍼지는 방식이다. 회절 패턴은 파동이 보이는 특징 행위다. 고전 물리학에서 회절 패턴은 파동과 입자의 중요한 차이다. 고전 물리학에서는 파동만 회절 패턴을 생산한다. 입자는 그렇지 않다. 회절에 대한 양자역학은 다른 견해를 제시한다. 양자역학의 어떤 상황에서는 물질도 회절 패턴을 생산한다. 빛과 물질은 어떤 상황에서는 입자 행동(particle behavior)을 하고 다른 상황에서는 파동 행동(wave behavior)을 한다. 이러한 현상은 양자 이론의 '파동-입자 이중성 역설'(wave-particle duality paradox)이다. 회절 현상은 양자역학이 밝혀낸 자연의 본질과 얽힘의 실재를 조명하는 데 핵심이다.

반영과 회절은 모두 광학적 현상이다. 그러나 반영이 거울과 같은 반사를 통해 재현주의를 지향하는 데 비해, 회절은 차이가 만들어 내는 패턴에 주목한다. 신유물론자들에게 회절적 방법론(diffractive methodology)은 생각과 물질의 얽힘을 존중하는 방식이다. 과학적 사실주의는 과학적 지식이 물리적 실재를 정확히 반영한다고 믿는다. 반면, 바라드는 회절의 광학적 현상에서 영감을 받아 '비재현주의적 수행 방식' 접근법으로 회절적 방법론을 제안한다. 반영성은 세계를 멀리 떨어져 바라본다. 반영성은 반복적인 모방(mimesis)이다. 회절적 방법론에서 내부와 외부의 절대적 분리는 없으며 주체와 객체는 미리 존재하거나 고정된 것이 아니라 내부 작용을 통해 창발한다.

바라드는 외부로부터 세상을 숙고하는 재현주의에서 벗어나 내부에서 그 일부로서 세상을 이해하는 방식으로 옮겨 갈 것을 제안한다. 회절 패턴은 경계의 비결정적 본성, 경계의 반복적 재형성, 차이들의 얽힘을 의미한다. 회절은 신유물론의 경계 무력화 방식이다. 회절은 주체와 객체, 자연과 문화, 인간과 비인간, 유기체와 비유기체, 인식론과 존재론 사이의 본질적 분리 가능성에 이의를 제기하는 현상이다. 회절은 사소한 차이를 존중하는 방법론이다. 회절적 참여는 윤리적 참여다. 알기의 실천과 존재하기의 실천은 분리될 수 없다. '윤리=앎=존재하기'는 서로 얽혀 있다.

시간과 공간의 물질화, 시공간물질

바라드에게 시간과 공간도 현상이며 시간과 공간은 '내부 작용'(intra action)으로 생산된다. 변화는 시공간물질(spacetimematter)의 거듭된 재형성을 뜻한다. 공간은 물질이 담기는 용기가 아니다. 물질은 세계 안에 위치하지 않는다. 물질은 세계가 되는 중이다. 내부 작용이 특정한 경계를 시행하면 구성적 배제가 경계의 재구성 행위다. 경계가 재형성되면서 내부와 외부가 다시 만들어진다. 현상의 주름 잡힘을 통해 내부와 외부 영역들은 내부 작용의 일부로서 그 이전 명칭을 상실한다. 바라드에게 공간과 시간, 물질은 내부 작용의 역동성을 통해 상호적으로 구성된다. '시공간물질 다양체'는 물질적, 담론적 실천이 물질화되는 방식으로 재형성된다. 시공간물질의 위상 배치는 물질의 역동성의 결과다.

세계는 물질화의 열린 과정이다. 과거도 미래도 물질화된다. 시간도 내부 작용의 역동성을 통해 구성되므로 과거는 물질적 재형성에 개방된 채 남는다. 과거도 미래도 물질의 반복적 생성 속에 주름 잡힌 참여자들이다. 세계는 역동적 관계성을 통해 개방된 채 생성되는 중이다. 내부와 외부, 과거, 현재, 미래는 거듭해 주름 잡히고 재작업되며 결코 고정되지 않는다.

인간은 세계의 계속 진행되는 재형성의 일부이며 세계는 '윤리-존재-인식론', 즉 윤리, 알기, 존재하기의 뒤얽힘이다. 우리는 우주의 일부다. 내부도 없고 외부도 없다. 오직 생성 중인 세계의 내부로부터 그 일부로서 내부 작용만 있다. 우리는 세계의 변별적 생성에서 우리가 수행하는 역할을 책임져야 한다.

퀴어와 존재론적 비결정성

불확정성 원리(uncertainty principle)는 양자역학이 물리 세계에 관한 고전 이론들과 구별되는 가장 독특한 특징으로 간주되어 왔다. 불확정성 원리(위치 및 운동량에 대한)는 물리 시스템의 위치와 운동량에 정확한 동시값을 부여할 수 없다는 것을 의미한다. 이러한 물리량들은 임의로 동시에 작아질 수 없는 어떤 특징적인 불확정성을 통해서만 결정될 수 있다. 불확정성 개념은 물리학 문헌에서 여러 가지 다른 의미로 나타난다. 이 개념은 관찰자의 양에 대한 지식 부족을 의미하거나 양이 측정되는 실험적 부정확성 또는 양의 정의에서 어느 정도의 중의성 또는 유사하게 준비된 시스템의 앙상블(조합)에서 통계적 분포를 의미하는 데 쓰이기도 한다. 이러한 불확정성에는 부정확성, 분포, 비정밀성, 비한정성, 비결정성, 위도 등 여러 가지 명칭이 사용된다.

바라드는 하이젠베르크와 보어의 불확정성과 비결정성 개념을 윤리적 개념으로 전유한다. 바라드의 『자연의 퀴어한 수행성』(Nature's Queer Performativity)에서 자연의 본성을 퀴어로 설명한다. 바라드는 퀴어한 소통 능력과 존재의 얽힘에 주목한다. 퀴어한 행동을 '자연에 반하는 행위'로 보는 것은 자연과 문화의 경계를 강화하는 것이다. 퀴어는 자연과 문화의 이분법 강화에 문제를 제기하는 것이다. 바라드에게 퀴어는 고정되지 않고 살아서 변화하는 유기체, 욕망하는 급진적 개방성이다. 브루스 베이지밀(Bruce Bagemihl)은 『생물학적 풍요로움』(Biological Exuberance: Animal Homosexuality and Natural Diversity)에서 진화생물학자 홀데인(J. B. S. Haldane)의 "우주는 우리가 짐작하는 것보다 퀴어하다."라는 유명한 말을 인용한다. 이어 그는 "세계는 각양각색의 동성애, 양성애, 트랜스젠더 생물들로 가득하다."라고 서술한다.[125] 존재의 얽힌 본성(사물의 본성, 얽힘)은 퀴어한 수행적 본질을 드러낸다. 마틴 우만(Martin Uman) 같은 번개 전문가들에게 번개의 길은 위아래로 향하면서 이어져 하나의 아치를 이룬다.[126] 비키 커비(Vicky Kirby)는 『양자 인류학』(Quantum Anthropologies, 2011)에서 번개가 치기 전에 어떤 언어가 전기적인 대화를 추진시키는지, 깨달음이 언제 일어나는지 묻는다. 바라드는 송신자와 수신자가 먼저 존재하는 것이 아니라 관계 맺음으로부터 송신자와 수신자라는 존재가 발생한다고 강조했다.

정체성은 "자신으로부터 차이 또는 자신과의 차이에서 환대에 자신을 개방함으로써만" 정립될 수 있으며 차이, 즉 '집 안에 있는 이방인'이 곧 자아가 된다.[127] 바라드는 자크 데리다(Jacques Derrida)를 인용해 개인은

---

[125] Bruce Bagemihl, *Biological Exuberance: Animal Homosexuality and Natural Diversity*, Martin's Press, 1999, p. 9.
[126] Martin Uman, *The Lightning Discharge*, Dover Publications, 1986, p. 73.
[127] Jacques Derrida, *Aporias: Dying—Awaiting(One Another at) the 'Limits of Truth,'*

"모든 타자에게 무한하게 빚을 지고 있다."라는 사실을 강조한다.[128] 바라드에게 행위성은 '응답 능력'(response ability), 상호적 응답의 가능성이다. 책임은 응답하는 능력이다. 바라드에게 윤리성은 이방인에 대한 환대를 뜻한다. 우리가 타자에게 개방되어 있다는 사실을 인정하는 것은 데리다가 말하는 '다가올 정의'(justice à venir)의 가능성이다. '다가올 정의'는 완전히 실현되지 않으면서도 우리가 끊임없이 지향해야 할 윤리적·정치적 요청을 의미한다. 바라드는 양자물리학에 함축된 의미가 사회정의 차원에서 사유되어야 한다고 주장한다.

우리 몸의 (재)형성이 타자들과 얽혀 있기 때문에 책임은 살아서 현존하는 것들을 넘어 아직 현존하지 않는 사람들에 대한 존중과 책임으로까지 나아간다. 데리다에게 정의는 '더 이상 현존하지 않거나 아직 현존하지 않는 사람들'에 대한 책임과 정의까지 고려하는 것이다.[129] 데리다는 『마르크스의 유령들』(*Specters of Marx*)에서 현존하지 않지만 계속 출몰하는 영적 존재, 삶과 죽음 사이에 있는 낯선 타자의 출현을 지칭하기 위해 'haunt'(출몰하다)와 'ontology'(존재론)를 결합한 'hauntology'(유령론, 유령존재론)를 제안했다. 삶과 죽음 사이에서 벌어지는 일, 즉 영적이고 신비한 그 '사이'(between)를 배워야만 삶을 파악할 수 있다. 데리다의 '사이'에 대한 성찰은 '양자 얽힘'에 대한 바라드의 설명과 연결된다. 양자 얽힘은 분리된 개체들 사이의 소통이라는 관념에 도전하면서 새로운 의미의 책임과 응답 능력을 요구한다. 바라드가 삶과 죽음 사이에 있는 존재를 통해 나타내려는 것은 환원 불가능한 타자성, 비결정성, 현재적 불가능성, 미래적 가능성이다.

Stanford UP, 1993, p. 10.
[128] Karen Barad, "On Touching—The inhuman that therefore I am," *Differences*, 23.3, 2012, pp. 206-223.
[129] Jacques Derrida, op. cit., xviii.

과거에 일어난 사건들이 현재뿐만 아니라 미래와 상호작용하기 때문에 우리는 "단지 과거뿐만 아니라 미래도 계승한다."[130] 이는 기존 선형적 인과성으로 설명되지 않는 방식으로 사회정의에 대한 책임을 주장한다. 시간과 장소, 존재의 경계들이 결정되더라도 고정된 것은 아니며 현존하지 않는 타자성이더라도 사라진 것은 아니며 언제든지 되돌아오고 도래할 수 있다. 과거와 미래는 세계의 지속적인 내부 작용을 통해 재구성된다. 하지만 이는 기억이 지워지거나 과거로 되돌아가거나 과거를 회복하는 것이 아니다. 기억, 즉 거듭된 내부 작용의 침전물은 세계의 구성에 기입되어 세계는 '모든 흔적에 대한 기억'을 품고 있다. 그렇다면 세계는 '기억'이다.[131]

고전 물리학의 관점에서 진공은 물질이 없는 것으로 에너지가 없다. 하지만 양자물리학의 존재론적 비결정성 원리는 제로-에너지, 제로-물질 상태의 존재를 의문시한다. 양자물리학의 중심에는 본질적인 '존재론적 비결정성'이 있으며 비결정성은 끝없는 역동성이다. 비결정성은 존재하는 모든 것의 근원이다. 존재론적 비결정성, 급진적 개방성, 가능성들의 무한성이 물질화의 본성이다. 무한성(infinity)은 수학적 이념화가 아니라 비결정성의 구체화된 표식이다.

모든 몸은 거듭되는 내부 작용을 통해 재형성되는 물질적-담론적 현상이다. 자연에서 '퀴어'는 고정되지 않고 살아서 변화하는 유기체이며 급진적인 개방성이다. 바라드는 생명체들의 기이한 소통 능력과 퀴어한 수행성을 통해 존재의 얽힌 본성을 논증한다. 우리 몸은 타자들에게 개방되어 있고 타자들과 얽혀 타자들에 대한 책임이 있다. 바라드는 존재

---

[130] Karen Barad, "Quantum Entanglements and Hauntological Relations of Inheritance: Dis/continuities, Spacetime Enfoldings, and Justice-to-Come," *Derrida Today*, vol. 3, no. 2, 2010, p. 257.

[131] Karen Barad, op. cit., p. 261.

론으로 출발해 윤리와 정의를 관통하며 역사와 정치를 향한다. 바라드는 물리학적 통찰을 바탕으로 윤리, 정의, 역사를 성찰한다.

〈독수리자리 너머〉에 나타난 무한우주: 인간성과 물질성의 내부 작용[132]

고대 신화, 문학, 철학에서부터 인간 본성 탐구와 이해는 변화하는 세계를 탐구하고 이해하는 방식과 맞닿아 있었다. 이 글은 고대 그리스와 로마의 원자론을 포함한 고대적 논의를 발전시켜 양자역학적 물질의 '파동성과 입자성의 동시 존재성'을 인문학적 상호관계성, 상호연결성, 상호의존성으로 설명한다. 최근 양자역학적 논의를 포함한 과학적 사유가 인문학 담론의 장으로 들어오면서 인간의 본성과 사물의 본성은 그 어느 시대보다 활발히 다양한 매체와 문예 장르에서 다채롭게 사유되고 있다. 인간의 정신세계와 물질세계에서 작용하는 인간의 법칙은 물질의 미시세계와 거시세계에 작용하는 물질의 법칙과 동일 지평에서 파악될 수 있다.

양자역학의 세계는 문학 서사의 변함없는 주제인 세상의 시작(삶)과 끝(죽음)에 이르는 부단한 생성, 변화, 차이, 예측, 중첩, 얽힘에 관한 것이다. 양자역학의 출발인 세계의 시작은 '빛'이다. 양자역학의 빛은 말씀으로서의 빛이 아니라 빛의 물질적 특성은 입자이면서 파동이다. 입자는 돌과 같은 물질이고 파동은 소리와 패턴(pattern)과 같은 물질이다. 입자는 여기 '또는' 저기에만 존재하지만 파동은 '동시에' 여러 곳에 존

---

[132] 홍은숙, 「〈독수리자리 너머〉에 나타난 무한우주: 인간성과 물질성의 내부 작용」, 『인문연구』 107, 2024, pp. 93-118.

재할 수 있다. 언어학과 철학에서 입자인 동시에 파동인 것을 표현하는 명확한 언어와 개념은 없다. 입자인 동시에 파동인 물질은 실제 물질세계에 존재하지만 인간의 언어와 철학적 사상과 개념이 명확히 제시하지 못할 뿐이다.

과학기술시대의 다양한 문예 장르들은 양자역학적 동시성을 담지하는 새로운 서사와 문예 형식을 타진하고 있다. 최근 다매체 드라마, 디지털 콘텐츠, SF 서사물 같은 과학기술시대를 대표하는 장르들은 양자역학적 물질성을 서사화하고 예술적 의미를 부여해 인간성을 표현하고 있다. 이 글은 SF-다매체 드라마에 나타난 동시 존재성, 상호관계성, 불확정성의 서사 연구를 통해 물질의 법칙과 인간의 법칙을 연계한다.

물질세계와 인간세계에 대한 논의는 고대 그리스 철학자 데모크리토스의 원자론에서부터 구체화되었다. 데모크리토스에서 시작된 원자론과 무한우주론은 고대 그리스 철학자 에피쿠로스와 고대 로마 시인 루크레티우스를 거쳐 최근 양자역학에서 더 풍부해지고 있다. 에피쿠로스는 「헤로도토스에게 보내는 편지」(*Letter to Herodotus*) 41장에서 우주와 원자와 공간의 무한함을 피력했다.[133] 루크레티우스는 『사물의 본성』에서 "그것은 가장자리를 갖지 않으며 그래서 끝과 한계가 없다."라며 우주와 공간에 무한의 서사를 부여했다.[134] 에피쿠로스와 루크레티우스의 무한함은 풍부함과 가능성이었고 '무한의 규정은 논리적으로 필연적인 탐구 대상'이었다.[135] 고대에서부터 무한우주에 대한 철학적, 과학적 개념은 인간성을 탐색하는 서사와 예술적 양식을 갖추었다.

이 글은 고대의 원자론적 사유가 양자역학을 포함한 최근의 과학적

---

[133] Epicurus, Letter to Herodotus, trans. Robert Drew Hicks, 1925.
[134] Lucretius, op. cit., L. 964. 이후 이 책으로부터의 인용은 행수를 밝힘.
[135] Gilles Deleuze, "Lucretius and Naturalism," *Contemporary Encounters with Ancient Metaphysics*, trans. Jared Bly, Edinburgh U, 2017. pp. 245-253.

사유와 연결되는 부분에 주목한다. 원자는 원자핵과 전자로 이루어져 있고 원자 안의 전자가 원자핵 주위를 돌면서 존재한다. 전자는 원자핵 주위를 띄엄띄엄 궤도로 돌고 있다. 양자(quantum)는 '띄엄띄엄 있다'(퀀타이즈, quantize)라는 뜻의 불연속적 개념을 갖는다. 전자가 불연속적으로 돌고 있는 미시세계에 들어서면 입자 형태만 지닐 수 없다. 전자는 특정 공간에 하나만 있는 것이 아니라 진동하면서 여러 곳에서 동시에 존재할 수 있다. 원자 안에 있는 전자는 특정 궤도에 있다. 파동은 '진동하면서'(vibrant, 생동하는) 온 우주에 퍼져 있는 것으로 위치를 특정할 수 없다. '위치를 특정할 수 없다'라는 물리적 현상은 무한우주를 서사화하는 데 중요한 단서다.

고대에서부터 물질을 이루는 기본 단위로 여겨지는 원자(atom, 더 이상 쪼갤 수 없는 입자)는 양자역학 시대에 이르러 파동의 속성을 갖게 되었다. 텅 빈 하늘은 무(nothingness)의 빈 곳(the void)이 아니라 원자(물질)들이 '요동치는'(vibrant, 생동하는) 분주한 곳이다. 고대 그리스 음유시인 호머(Homer)의 『오디세이아』(*The Odyssey*)에서 올림포스 신들의 거처는 "언제나 구름 없는 대기가 덮고 있지요. 그것은 빛을 널리 흩뿌리고 웃지요."에서처럼 '원자들이 요동치는 하늘'이며 인문학적 상상력과 가능성이 가득한 곳이다.[136]

고전 물리학의 관점에서 진공은 물질이 없는 것으로 에너지가 없다. 하지만 양자역학은 '제로-에너지'와 '제로-물질'의 존재를 의문시한다. 양자역학에서 진공은 확정적으로 무(nothingness)가 될 수 없는 비결정 상태다. 플라톤은 『파이돈』에서 무한한 진공 속에 유한한 세계가 있음을

---

[136] Homer, *The Odyssey*, trans. Emily Wilson, W. W. Norton & Company, 2018, BK 6, L. 42-46.

받아들였다.[137] 고대의 논의에서부터 물질세계(인간, 세계, 우주)의 '존재론적 비결정성'(ontological indeterminacy, 자유의지의 근원)은 과학과 철학, 문학(서사시) 모두에서 논의되거나 재현된 것으로 인간의 법칙과 물질의 법칙 모두에서 다양하게 적용되고 활용되었다. 비결정성은 자유의지의 근원으로 인간과 세계의 비결정성은 역동성, 개방성, 가능성, 관계성, 존재하는 모든 것(물질)의 근원(태동)이라고 할 수 있다. 이 글은 SF-다매체 드라마를 분석하는 데 있어서 양자역학의 존재론적 비결정성으로 인간성과 물질성을 종합한다.

이중-슬릿 실험은 전자의 파동성과 입자성의 동시성을 보여준다. 전자는 이중 슬릿을 통과해 물결처럼 벽에 닿고 간섭 무늬가 생긴다. 하지만 이 상황을 사진기로 관측하면 벽에 줄무늬 두 개가 생긴다. 사진기로 관찰하거나 관측하기 전에는 파동이지만 관측으로 입자가 된다. 즉, 전자는 파동성과 입자성 둘 다 가질 수 있다. 거시세계에서는 관측으로 물질의 성질이 변하지 않지만 미시세계에서는 빛(입자)에 맞기만 해도 위치가 바뀔 수 있다. 이처럼 바라보는 행위가 대상(objects)에 영향을 미친다.

이 글은 '바라보는 것' 또는 '관측하는 행동'이 물질세계를 변화시키는 물리적 현상에서 인문학적 '상호관계성'을 도출한다. 물질세계에서 바라보지 않으면 혹은 관측하지 않으면 파동처럼 행동하고, 서로 바라보고 관측하고 관심을 가지면 입자처럼 행동한다. 상호관계성의 관점에서 관측·관심·관계·만남이라는, 상호작용하는 극적 행동은 물질세계에 변화를 초래해 새로운 현상을 초래할 수 있다.

바로 이 지점에서 '인간성과 물질성의 관계적 존재론'(relational ontology)과 '인간과 세계의 분리 불가능성'이 도출될 수 있다. 이 글은

---

[137] Plato, *Phaedo*, 109a.

사물의 본성과 인간의 본성을 동일 지평에서 사유해 인간성과 물질성의 관계적 존재론에서 과학기술시대의 인간 삶의 방향성과 대안적 사유를 타진한다.

이 글은 최근 다양한 매체와 플랫폼에서 발표되고 있는 다매체 드라마를 텍스트로 한다. 이 글에서 논의하는 〈독수리자리 너머(*Beyond the Aquila Rift*)〉는 영국 SF 소설가 앨리스터어 레이놀즈(Alastair Reynolds)의 첫 단편 모음집 『지마 블루와 다른 이야기들』(*Zima Blue and Other Stories*)에 실린 〈독수리자리 너머〉를 원작으로 해[138] 넷플릭스의 〈러브, 데스+로봇(*Love, Death+Robots*, Season One)〉에 포함된 작품이다. 〈독수리자리 너머〉는 원작자, 각색자, 블러 스튜디오(Blur Studio), OTT 플랫폼 관계자 등 전 지구적 협업으로 제작된 SF-다매체 드라마다. 이 글은 〈독수리자리 너머〉의 무대배경인 무한우주에서 인간성과 물질성의 끊임없는 내부 작용과 얽힘 속에서 드러나는 인간과 세계의 분리 불가능성, 동시 존재성, 불확정성, 비결정성, 상호관계성을 통해 '사물의 본성'과 '인간의 본성'을 동일 지평에서 고찰한다.

물질성과 인간성의 상호관계성

아리스토텔레스의 『니코마코스 윤리학』(*Ethica Nicomachea*)에서 아레테(Arete, 미덕, 좋음, 탁월함)는 이성적 활동을 통해 얻을 수 있는 인간의 완

---

[138] 앨리스터어 레이놀즈는 우주과학자 출신의 공상과학 소설가다. 현재까지 19권의 장편과 70편 이상의 소설을 발표했고, 넷플릭스와 협업해 〈러브, 데스+로봇〉 제작에 참여했다. 이 글에서 논의할 〈독수리자리 너머〉는 〈러브, 데스+로봇〉 시즌 1의 한 에피소드다. [https://www.alastairreynolds.com/]

성된 상태이며 "기예(technē)는 … 좋음을 목표로 하는 것 같다."[139] 고대 그리스에서 인간 삶의 지향점인 아레테는 기술과 예술의 융합체인 테크네를 실현함으로써 가능했다.

물질성과 인간성의 상호관계성은 신화적 신비에서도 명확히 드러난다. 단군신화는 곰과 인간의 호환 가능성을 서사화한 것이다. 단군신화를 과학적 신비의 차원에서 해석한다면 단군신화는 물질 에너지의 호환 가능성, 인간과 세계의 상호관계성으로 해석할 수 있다. 신화적 신비와 과학적 신비에서 인간과 자연은 동시 존재성을 갖는 것으로 인간과 세계는 분리 불가능한 존재로서 홀로 존재하지 않는다.

사물의 본성과 인간의 본성을 종합하는 문학 서사는 로마 시인 루크레티우스에서 본격화되었다. 루크레티우스는 『사물의 본성』 3권에서 영혼과 육체의 원자가 교대로 정렬되어 있다는 데모크리토스의 이론을 반박하고(L. 370-395), 정신과 영혼은 육체의 일부(L. 94-135)이고, 정신과 영혼을 물질적인 것으로 제시하고(L. 161-176), 영혼과 육체는 서로 연결되어 상호의존한다고 표현했다(L. 323-349). 루크레티우스의 인간성과 물질성에 대한 논의는 고대 그리스 시인 호머와 헤시오드의 서사시, 고대 철학자 에피쿠로스의 클리나멘 개념을 계승한 것이다.

에피쿠로스와 루크레티우스는 데모크리토스의 수동성과 관찰자의 한계를 극복한다. 에피쿠로스의 'swerve'(휘어짐, 비켜남, 원자의 특이한 운동 이론, 클리나멘) 개념으로 데모크리토스의 결정론은 약화된다.[140] 에피쿠로스의 원자 운동인 클리나멘은 '원자들이 직선 운동을 하다가 우연히 방향을 바꾸는 현상'으로 '물질의 능동적 행위성'을 입증하는 중요한 개념

---

139 Aristotle, *Ethica Nicomachea*, Clarendon Press, 1920, BK. 1.
140 『사물의 본성』 2권 292행에서 '클리나멘'이라는 용어가 사용되었다. 에피쿠로스 원자론에서 원자의 특이한 운동 이론인 클리나멘은 사선 방향의 운동, 편위, 이탈, 빗금 운동 등 다양한 용어로 사용되고 있다. 이후 이 글에서는 클리나멘으로 용어를 통일한다.

이다. 에피쿠로스는 우주가 원자들의 무한한 수와 운동으로 이루어져 있다고 주장한다. 원자들은 직선 운동을 하지만 클리나멘으로 방향을 바꿀 수 있다. 이 현상으로 우주에 무작위성과 자유의지가 도입된다.

양자역학의 중첩과 얽힘을 '물질과 의미의 얽힘'으로 재해석한 캐런 바라드는 물리학적 통찰을 바탕으로 신유물론, 탈식민주의, 퀴어, 윤리와 인간성을 포함한 인문학적 이론과 개념을 새로 펼쳐낸다. 이 글에서 논의하는 '인간성과 물질성의 내부 작용'은 바라드의 내부 작용 개념을 활용한 것이다. 물질성과 인간성의 상호관계성의 관점에서 인간은 세계의 불변하는 총체성을 거부하고 부분적으로는 구성하며 관찰하는 바에 의해 부분적으로 구성된다. 이 지점에서 존재론적 불확정성이 도출될 수 있다. 인간성은 세계와 끊임없이 내부 작용하면서 (재)정의하는 특정 방식이다. 인간성에 대한 이해는 변화하는 세계에 대한 이해와 다를 수 없다.

양자역학과 물질성을 담지한 인간 본성에 대한 이해에서 세계는 '무작위 운동', '지속적 과정', '관계'로 파악될 수 있다.[141] 무작위 운동은 고대 그리스 비극 주인공의 운명처럼 우연적 행동도 아니고 미리 결정된 것도 아니다. 세계는 물질결정론 또는 운명결정론이 아니라 만들어가는 '과정'에 의미가 있다. 무작위는 예측 불가능한 운동이지만 무작위 운동으로 물질은 새로운 가능성을 생성한다.

물질(사물, 세계, 우주)은 근원적으로 뒤얽힌 상태로 남으며 언제나 부분적으로 미결정적이고 즉흥적이다. 물질은 연속적이지 않고 불연속적 실체도 아니며 불연속적 과정도 아니다. 물질은 관계적이고 내재적으로 자기촉발적이다. 이때의 관계는 무작위 운동과 지속적 과정으로 비대칭적이며 평평하지 않다.

---

[141] Gamble et al., op. cit., p. 125.

고대에서부터 시작된 사물의 본성과 인간의 본성에 대한 논의는 최근 신유물론이라는 인문학적 담론과 연계되어 물질성과 인간성의 상호관계성을 넓게 펼쳐내고 있다. 신유물론은 과학과의 소통을 통해 물질의 고유한 활동성을 인정하는 기반 위에서 인간과 비인간(주체와 객체)의 위계적 질서 또는 주종의 경계를 규정하지 않는다. 신유물론은 절대적인 것, 존재의 불변적 구조, 이분법적 사고를 드러내지 않는다. 이러한 측면에서 본다면 신유물론적 사유의 근원을 에피쿠로스와 루크레티우스의 물질세계(원자)의 클리나멘 운동에서 찾아볼 수 있다.

〈독수리자리 너머〉에 나타난 경계의 무력화 방식

이 글은 신유물론의 사상적 흐름에서 에피쿠로스-루크레티우스-양자역학적 물질의 능동적 행위성(자유의지, 클리나멘, 입자와 파동의 동시성), 인간과 비인간, 자연과 문화, 생각과 물질, 물질성과 인간성의 내부 작용을 종합해 〈독수리자리 너머〉를 분석한다. 에피쿠로스의 클리나멘, 루크레티우스의 사물의 본성, 양자역학의 입자와 파동의 동시 존재성에 근거해 논의를 발전시키면 세계(무한우주)는 지속적 생성과 흐름이다. 〈독수리자리 너머〉에 나타난 우주와 인간의 관계는 무대배경과 등장인물이라는 두 개의 구분되는 항이 아니다. 이 작품에 나타난 인간(등장인물)은 자연(무한우주, 무대배경)과 일체인 인간이다. 즉, 이 작품에 나타난 인간의 본성은 물질적 우주의 경과로 이해될 수 있다. '유적 존재'로서의 인간은 자연과 일체인 인간을 가리킨다. 헤겔(Georg Wilhelm Friedrich Hegel)은 『백과사전』(*Encyclopedia of the Philosophical Sciences, EPS*)에서 유(類)를 구체적 보편으로 정의했다. 유(類)는 즉자적으로 존재하는 단순한 통일에 있으며 주체의 구체적 실체가 유(類)다.¹⁴² 유적 존재로서 인간은 주체적 개별성을 넘어서며 자기 안에서 보편을 인정하고 개체임을 통해 동시에 인간의 대표다. 인간과 자연의 본질적 통일성(unity)에서 "세계는 … 의미하는 바를 끊임없이 의미한다."¹⁴³ 인간과 자연의 통일을 발견했던 지점, 즉 인간과 자연의 물질적 얽힘이 자신의 독립성(인간성, 인간의 본성)을 발견하는 지점이다.¹⁴⁴

양자 세계의 대표적 원리는 '양자 중첩'(quantum superposition)과 '양자 얽힘'(quantum entanglement)이다. 양자 중첩은 두 개의 양자 상태가 함께 있는 것이고 양자 얽힘은 떨어져 있을 때도 얽혀 서로 영향을 미칠 수 있는 상태다. 양자는 서로 얽히면 두 개가 하나처럼 연결되어 영향을 미치는 관계성을 갖는다. 하나가 위를 향하면 다른 하나는 아래를 향하는 상호관계성은 양자역학적 세계의 한 단면이다. 양자역학적 세계관이 인문학 담론의 장으로 들어서자 신화적 신비와 판타지에 머물렀던 우주(다중우주, 무한우주)는 과학적 신비라는 서사 형식을 갖게 되었고 더 나아가 다채로운 우주 담론을 펼쳐내고 있다. SF-다매체 드라마에 나타난 무한우주는 비너스(금성, Venus), 우라노스(천왕성, Uranus), 주피터(목성, Jupiter) 같은 신화적 신비 너머 물리학적 재현 가능성과 탈신화적 서사를 갖춘다.¹⁴⁵

---

142 Georg Wilhelm Friedrich Hegel, *Encyclopedia of the Philosophical Sciences*, eds, Klaus Brinkmann and Daniel O. Dahlstrom, Cambridge UP, 2010, p. 328, p. 498.
143 김재인, 『들뢰즈의 비인간주의 존재론』, 서울대학교 대학원 박사학위 논문, 2013, p. 83. 재인용.
144 Gilles Deleuze & Felix Guattari, *Anti-Oedipus: Capitalism and Schizophrenia*, The Athlone P, 1983, p. 57.
145 〈독수리자리 너머〉의 주제이며 무대배경인 (무한)우주는 인류가 끈질기게 던진 문제였고 인류의 자기성찰의 장이었다. 고대 그리스에서 우주는 뮈토스와 로고스의 처음이자 마지막이었고, 인류는 자기 밖에 있는 우주를 바라보며 자신을 바라보았다. 이런 측면에서 우주 개념은 고대 그리스 우주론의 산물이다.

〈독수리자리 너머〉에 나타난 무한우주의 서사는 양자 중첩과 양자 얽힘으로 설명될 수 있다. 우주선 '블루 구스'(Blue Goose)의 우주비행사 톰(Tom), 레이(Ray), 수지(Suzy)는 우주에서 업무를 수행한 후 지구로 귀환할 채비를 한다. 우주비행사들은 우주 교통수단인 '워프 게이트'(Warp Gates) '아크엔젤'(Arkangel)에게 우주선 조종 권한을 넘기고 캡슐 안에 들어가 깊은 잠을 잔다.[146] 우주비행사들의 계획은 깊은 잠에서 깼을 때 우주의 대중교통 수단인 아크엔젤에 진입해 지구로 무사 귀환하는 것이다. 하지만 원인 불명의 시스템 오류가 발생해 우주선 블루 구스는 궤도에서 이탈해 위치를 알 수 없는 우주 정비소로 견인된다. 우주비행선이 우주 정비소에 정박하는 비상 상황에서 잠을 깬 톰은 동료 우주비행사를 깨우고 궤도에서 이탈한 사유를 찾으려고 한다. 이때 톰의 옛 연인 그레타(Greta)가 등장한다. 그레타는 경로 설정 오류 때문에 의도치 않게 먼 우주에 진입했다고 설명한다. "여기는 셰터 섹터의 사움라키 정거장이야." 그레타는 우주비행사들의 실수가 아니라 아크엔젤의 동기화 과정에서 문제가 생겨 궤도에서 이탈하게 되었다고 설명한다. 지름길을 입력했던 우주비행사 수지는 다른 차원으로 이동해 몸을 제대로 가누지 못하는 이상 반응을 보이고 다시 수면 캡슐 안으로 들어간다. 그레타는 우주 뷰(view)를 통해 셰터 섹터의 사움라키 정거장 좌표를 톰에게 보여

---

[146] 워프 게이트(warp gate)는 두 개의 서로 다른 공간을 연결하는 가상 통로다. 워프 게이트는 게임과 웹툰을 포함한 SF에서 자주 등장하는 개념으로, 우주선이 장거리를 빠르게 이동하는 데 사용된다. 워프 게이트의 작동 방식은 워프 게이트가 시공간을 구부려 두 지점 사이의 거리를 단축하는 것으로, 영화 〈듄〉(Dune)의 항법사들도 이 기술을 사용했다. 워프 게이트는 양자역학의 원리를 이용해 실제로 만들어질 수 있다는 의견이 있지만 현재까지는 SF의 전유물이다. 〈독수리자리 너머〉에서 "대기 줄 때문에 미치겠어."라는 주인공 톰의 대사로 미루어 워프 게이트가 있는 미래에도 교통체증이 있는 것으로 그려지고 있다. 우주비행사 수지는 지구로 돌아가는 지름길을 발견했다며 오리온자리에 위치한 성간 물질로 구성된 국수 거품(Local Bubble)을 통과하는 좌표를 입력한다. 톰은 지구로 돌아가는 지름길 덕분에 보너스를 받을 수 있겠다며 기뻐한다.

준다. 톰은 우주비행선을 수리하는 동안 4년 전 헤어진 옛 연인 그레타와 함께 시간을 보낸다. 그러던 중 그레타는 진실을 받아들이지 못하는 사람들이 있어 어쩔 수 없이 거짓말을 했다며 자신들의 상황과 관련된 한 가지 사실을 밝힌다.

> 그레타: 사실 경로 설정 문제 때문에 훨씬 더 멀리 온 거야. 여기는 센터 섹터가 아니야. (우주 좌표를 보여주며) 이건 사움라키 정거장 좌표야. 이게 우리 위치에서 본 거야. 지구에서 15만 광년 떨어져 있지.[147]
> 톰: 우리가 우주선에서 잠을 얼마나 잔 거야?
> 그레타: 이곳 시간으로는 몇 달에 불과하지. 하지만 고향에서는 수백 년이 흘러갔어. 귀환 경로를 입력하더라도 원래 살던 세계로 돌아갈 수는 없어.
> 톰: 차라리 내가 죽었다고 말해.
> 그레타: 죽지 않았어. 여기 살아 있잖아. 톰, 나와 함께.
> 톰: 자기는 여기 어떻게 왔어?
> 그레타: 같은 경로 설정이 문제지. 모두 그렇게 와.

톰은 수면 캡슐에서 자고 있던 동료 우주비행사 수지를 깨워 "마지막으로 기억나는 게 뭐야?"라고 질문한다. 수지는 "아크엔젤의 머저리들, 그리고 꿈(그레타를 가리키며), 지금과 같은 꿈이었어."라며 자신들 앞에 나타난 자는 그레타가 아니라고 한다. 톰은 수지가 공간 이동 후유증으

---

[147] 1광년은 약 9조 4,600억km다. 우주선 블루 구스의 우주비행사들은 미래의 시공간 압축 교통수단인 아크엔젤의 경로 설정과 동기화 문제로 15만 광년이라는 먼 거리를 이동하는 도중에 우연히 무한우주에 진입한다.

로 사실 관계를 제대로 파악하지 못하는 것이라고 판단한다. 수지는 그레타의 정체를 밝히기 위해 몸싸움을 하다가 그레타의 목에 상처를 내고 만다. 톰은 그레타의 상처가 금세 사라진 것을 보고 뭔가 잘못 돌아가고 있다고 판단한다.

> 톰: 수지 말이 맞아. 당신은 그레타가 아니야.
> 그레타: 미안해, 톰. 나는 그레타가 맞아. 사실 당신은 아직 캡슐 안에 있어. 자고 있지. 이 정거장의 모든 것은 당신에게 주어진 시뮬레이션이야.
> 톰: 그렇다면 이 가짜 현실과 가짜 그레타는 누가 주입했지?
> 그레타: 나야.

그레타는 톰이 현실을 받아들이고 현실을 인식할 준비가 안 되었기 때문에 톰이 받아들일 수 있는 거짓말을 계속한다. 톰은 있는 그대로의 사실을 말하라고 그레타를 다그친다. 어쩔 수 없이 그레타는 자신들이 처한 상황을 보여준다. 우주선은 거미줄에 감겨 있고 사방에는 백골이 난무하고 동료 우주비행사 수지와 레이는 부서진 캡슐에서 미라처럼 초췌한 모습으로 죽어가고 있고 그레타는 거미 외계인의 모습으로 등장한다. 톰은 우주 지옥의 한가운데서 신음하는 자신을 발견하고 비명을 지른다. 그 비명에 놀란 톰은 캡슐에서의 깊은 잠에서 깬다. 잠에서 깬 톰은 그레타를 새로 다시 만난다.

> 그레타: 안녕, 톰.
> 톰: 그레타? 정말 당신이야?
> 그레타: 반가워, 톰.

톰: 어떻게 된 거야?

그레타: 여기는 셰터 섹터의 사움라키 정거장이야.

레이놀즈의 원작 소설에서 그레타는 사움라키 정거장에 가장 먼저 난파되었던 외계인이다. 그레타는 톰이 현실을 받아들일 수 있을 때까지 환각을 주입해 톰을 도와주려고 한다. 그레타는 기억을 매번 새롭게 혹은 반복해 써 내려가는 톰을 바라보며 슬픈 미소를 짓는다.

〈독수리자리 너머〉의 주요 극적 행동은 수면 캡슐에서의 깊은 잠, 무한우주에서 계속되는 사건들, 우주 좌표를 통해 드러나는 시간성과 공간성이다. 〈독수리자리 너머〉에 나타난 무한우주에는 내부도 없고 외부도 없지만 무한우주의 내부로부터 그 일부로서의 '내부 작용'이라는 극적 행동이 있다. 〈독수리자리 너머〉의 극적 행동은 서로 얽혀 서로를 구성하는 내부 작용 그 자체다. 〈독수리자리 너머〉에 나타난 무한우주는 계속 생성 중인 내부 작용이다.

〈독수리자리 너머〉의 우주비행사들은 세계(우주)의 외부적 관찰자 또는 객관적 대상이 아니라 우리가 이해하려는 자연(세계, 우주)의 일부다.[148] 우주비행사 톰은 무한우주의 우주정거장에서 확정된 경계 없이, 시간과 공간의 특정 없이 사건들의 나열과 얽힘에서 재구성되어 매번 새로 계속 등장한다. 〈독수리자리 너머〉에 나타난 톰의 몸들 그리고 각 몸의 경계는 양자물리학자 닐스 보어가 의문시했듯이 당연히 주어진 것이 아니라 매번 새로이 구성되고 새롭게 만들어지는 것이다.[149] 즉, 무한우주에서 몸들 사이의 경계 짓기는 불가능한 개념일 뿐이다. 〈독수리자리 너머〉는 지속적인 횡단성 운동으로 경계를 인정하지 않고 더 나아가

---

[148] Karen Barad, *Meeting the Universe Halfway*, p. 67.
[149] 박신현, 『캐런 바라드』, p. 22. 재인용.

경계를 무력화한다.

〈독수리자리 너머〉에서 '몸'은 매번 새롭게 생성된다. 우주비행사 톰의 몸은 인간과 우주, 물질과 의미 사이의 거듭되는 내부 작용을 통해 재형성되는 현상으로 설명될 수 있다. 무한우주에서 우주비행사들의 몸은 고정되지 않고 살아서 변화하는 유기체로서 개방성, 풍부함, 가능성으로 사유될 수 있다. 톰의 몸은 본질적 경계와 속성을 지닌 입자로서의 물질이 아니라 물질과 의미 사이의 '현상'과 '얽힘'으로 설명될 수 있다. 톰의 몸은 고정불변의 몸이 아니라 매번 새로이 경계를 갖는 우주의 한 현상으로 이해될 수 있다.

〈독수리자리 너머〉에서 우주비행사들은 외부적 관찰자도, 독립적 주체도, 기술의 산물도 아니다. 인간은 무한우주의 일부, 세계의 부단한 재구성 현상이다. 물질성과의 관계성 측면에서 인간성은 에피쿠로스와 루크레티우스의 클리나멘적 물질의 '무작위 운동', '지속적 과정' 그리고 '관계'로 이해될 수 있다. 무한우주의 양자역학적 얽힘 상태에서 공간적으로 분리된 입자들은 '동일 현상들의 일부'이기 때문에 톰은 무한우주에서 분리된 정체성을 갖지 않는다.[150] 〈독수리자리 너머〉는 몸이 만들어지고 다시 만들어지는 재구성 과정을 재현한다.

수면 캡슐에서의 깊은 잠에서 깨어난 톰은 무한우주의 시공간 좌표에 등재된다. 톰의 몸과 무한우주는 내부 작용으로 서로를 구성한다(몸⇄무한우주). 톰의 몸은 거듭되는 내부 작용을 통해 재형성되는 물질과 의미의 얽힘 현상이다. 무한우주에서 매번 재구성되는 톰의 몸은 내부 작용을 통해 경계와 속성을 획득하는 현상이다. 끊임없이 신체 경계를 재작업하는 우주비행사들의 몸은 세계의 일부라는 사실을 입증한다. 바로 이 지점에서 인간과 자연(우주)의 본질적 통일성(unity)이 실현된다.

---

[150] Karen Barad, Op. cit., p. 377.

인간은 외부적 관찰자가 아니라 세계의 진행되는 재구성의 일부다. 〈독수리자리 너머〉에 나타난 내부 작용은 삶(세상의 시작)과 죽음(세상의 끝) 사이에 존재하는 물질성을 재현한다.

물리학에서 가장자리 또는 경계는 존재론적으나 시각적으로 확정적이지 않다. 루크레티우스가 『사물의 본성』에서 노래했듯이 "우리는 존재의 총체 바깥에 아무것도 없음을 인정해야 하므로 그것은 가장자리를 갖지 않아 끝과 한계가 없다."[151] 인간의 언어도 본질적으로 확정된 의미를 지니지 않으며 몸도 경계가 고정불변한 몸이 아니라 만들어지고 있는 몸이다. 무한우주에서 우주비행사 톰의 몸 경계는 본질적 애매성, 불확실성, 분리 불가능성, 동시성, 비결정성으로 이해될 수 있다.

〈독수리자리 너머〉는 몸뿐만 아니라 시간과 공간도 비재현주의적으로 드러난다. 〈독수리자리 너머〉의 시간은 선형적인 시간 개념 속에서 원인과 결과를 설명하는 인과 관계성과는 다르다. 〈독수리자리 너머〉에 나타난 시간과 공간도 내부 작용이다. 공간성과 시간성은 거듭되는 내부 작용의 역동성을 통해 물질적, 담론적 경계의 재형성과 구성적 배제 안에서 생산되고 재구성된다. 〈독수리자리 너머〉에 나타난 공간성과 시간성은 과거의 상태로 되돌아가거나 같은 현상을 무한 반복하는 것이 아니라 '열린 무한한 가능성'을 향한 시공간물질화(spacetimemattering)의 재구성이다.[152] 아인슈타인의 주장처럼 시공간물질화는 시간과 공간이 절대적이지 않고 상대적이라는 의미는 아니다. 〈독수리자리 너머〉의 시간과 공간은 내부 작용의 끊임없는 물질적 재구성 현상이다.

양자역학의 세계에서 시간은 객관적 개념이 아닐 수 있다. 수면 캡슐

---

[151] Lucretius, L. 963-4.
[152] Karan Barad, "Troubling Time/s and Ecologies of Nothingness: Re-Turning, Re-Membering, and Facing the Incalculable," *New Formations: A Journal of Culture/Theory/Politics* 92, 2017, pp. 56-86.

에서의 깊은 잠에서 깨어난 우주비행사들에게 어렴풋한 기억은 있지만 이들에게 고정된 시간은 없다. 무한우주의 한 우주정거장에서 공간의 물질들이 어떤 위치를 점하고 있는 사건과 상황은 존재할 수 있지만, 과거의 사건 자체는 존재하지 않는다. 이들에게는 미래도 존재하지 않는다. 미래는 예측의 영역이다. 이들이 기억하는 사건들의 순서를 나열한다면 그 순서는 시간일 수 있다.[153] 〈독수리자리 너머〉에 나타난 무한우주에서 시간은 우주 좌표에 찍힌 점으로 특정된다. 그레타는 우주 뷰를 통해 시간과 공간을 좌표로 보여줄 뿐이다.

〈독수리자리 너머〉에서 인간의 몸과 무한우주, 공간성과 시간성은 내부 작용의 역동성에 의해 끊임없이 재구성되는 현상이다. 〈독수리자리 너머〉의 무한우주는 과거와 미래가 서로를 통해 재형성되는 개방적 세계관을 드러낸다. 〈독수리자리 너머〉에서 시간성과 공간성은 본원적으로 존재하는 것이 아니라 사건과 현상에 의해 생산된다. 무한우주는 시간 척도를 만들지도 해석하지도 않고 시간을 지배하지도 않는다. 시간성과 공간성은 구성되고 재형성되는 물질의 역동성과 관련 있다. 〈독수리자리 너머〉의 공간성은 내부 작용으로 생산된다. 이때 공간은 물질을 담는 용기가 아니다. 물질은 세계 안에 경계를 갖는 위치를 점하지 않는다. 내부 작용이 특정한 경계를 시행하면 구성적 배제가 경계의 재구성을 위한 공간을 연다. 경계가 재형성되면서 내부와 외부가 다시 만들어진다. 각 현상은 겹겹이 주름 잡힘을 통해 이전 명칭을 상실한다. 각 현상은 거듭된 내부 작용에 의한 역동성의 일부가 된다. 공간성은 경계의 물질적 재형성이 계속되는 과정이며 공간적 관계들의 거듭되는 재구조화다. 〈독수리자리 너머〉에 나타난 시공간성은 '경계를 무력화'하는

---

[153] 우주의 시간은 148억 년이나 흘렀지만 우주에서 한 인간의 평생은 짧은 시간이다. 그래서 물리적, 과학적, 측량적 의미에서 시간이 무엇인지는 중요하지 않다.

재현 방식이라고 할 수 있다.

우주비행사들이 경험하는 세계(무한우주)는 시공간물질 다양체 (spacetimematter manifold)라고 할 수 있다. 이 다양체는 물질적–담론적 실천으로 거듭 재형성된다. 세계(우주)는 이러한 얽힌 물질화의 열린 과정이다. 시간성과 공간성은 열린 과정에서 드러난다. 그렇다면 세계는 역동적 관계성을 통해 개방된 채 생성 중인 것이다. 〈독수리자리 너머〉에서 우주선의 내부와 외부, 톰의 과거, 현재, 미래는 거듭해 주름 잡히고 재작업되어 고정되지 않는다. 수면 캡슐에서의 깊은 잠과 우주정거장에서 그레타와의 만남이라는 극적 행동은 비결정성에 의해 열리는 다양한 가능성이다.

무한우주와 등장인물들 사이의 내부 작용은 시공간물질을 재형성할 뿐만 아니라 변화의 가능성도 생성한다. 시간과 공간이라는 현상을 구성하는 내부 작용으로 인해 과거와 미래는 서로 얽혀 서로를 재형성한다. 이러한 물질적 얽힘으로 과거도 미래도 닫혀 있지 않고 열려 있다.

내부 작용과 물질적 얽힘 차원에서 우주 진화는 시공간성뿐만 아니라 의식의 차원에도 적용될 수 있다. 물질성의 유기적 변화는 지각과 자율 활동의 증가, 기억의 연장과 의식의 확대, 유기적 잠재력 같은 인간성의 변화와 분리할 수 없다. 라이프니츠(G. Wilhelm Leibnitz)가 지적했듯이 인류의 발달과 자기발견은 우주적 과정의 일부다.[154] 무한우주에서 우주비행사들이 겪는 사건, 이들의 반복되는 몸, 시간성과 공간성, 무한우주와 우주비행사의 물질적 얽힘은 클리나멘적 운동을 하는 세계의 비결정성과 무한성의 사유를 심화한다. 〈독수리자리 너머〉에 나타난 인간과 비인간, 자연과 문화의 경계 무력화 방식은 인간성과 물질성의 내부 작용으로 이해될 수 있다.

---

[154] Lewis Mumford, *The Myth of the Machine*, p. 58.

우주, 무한우주, 다중우주, 평행우주와 관련된 우주 서사는 신화를 포함한 판타지에서 주로 다루어져 왔고 최근 SF에서도 주요 형식이 되었다. 이처럼 문학 서사에서 우주는 인류에게 매우 오래된 서사이면서 새로운 서사이기도 하다. SF 작가 테드 창(Ted Chiang)에 의하면 판타지는 인간이 우주의 일부를 영원히 이해할 수 없다는 가정에 기반한다.[155] 과학적 사유가 본격적으로 부상하기 이전의 판타지는 비록 우주를 무대배경으로 하는 서사 형식을 갖추었더라도, 그 속에서의 우주는 여전히 오래된 신비이자 마법 같은 것이었다. 반면, SF는 인간이 우주를 (과학적, 천체물리학적, 양자역학적) 논리로 설명할 수 있다는 가정에 기반한다. SF는 과학을 통해 우주를 탐구하면 우주의 원리를 이해할 수 있음을 보여준다. 〈독수리자리 너머〉에서 (무한)우주에 대한 이해는 과학적 논의에 멈추는 것이 아니라 인간의 자기이해와 자기발견 등 인간 본성에 대한 이해와 맞닿아 있다. 우주 서사를 갖춘 〈독수리자리 너머〉는 인간성과 물질성에 대한 새로운 이야기를 들려준다.

〈독수리자리 너머〉에서 무한우주는 무대배경인 동시에 등장인물들과 얽혀 의미를 생성하는 생동하는 물질이며 '전체로서의 세계관'을 반영한다. 이 작품은 무한우주의 시공간성을 통해 인간과 세계(우주)의 비결정성, 동시성, 무작위성, 상호관계성 같은 양자역학적 개념에 인문학적 서사를 부여한다. 무한우주의 시공간에서 몸들의 경계, 사건들의 경계, 존재자들의 경계가 결정되더라도 고정된 것은 아니다. 각 사건, 경계, 존재자가 현존하지 않는 타자성이더라도 없어진 것은 아니며 되돌아오고 도래할 수 있는 것이다. 이는 인간과 세계를 관통하는 물질적 얽힘을 반증하며 인간의 본성과 사물의 본성이 동일 지평에서 고찰될 수 있음을 반증한다.

---

[155] 2009년 부천국제판타스틱영화제(PIFAN) 초청 강연

〈독수리자리 너머〉에서 '인간의 자유의지'와 '물질의 비결정성'은 인간성과 물질성의 분리 불가능성이라는 동시 존재성을 드러낸다. 무한우주에서 우주비행사들이 경험하는 사건들과 현상들은 원자라는 최소 물질을 구성하는 전자의 끊임없는 여정을 재현한다고 해도 과언이 아니다. 무한우주의 한 우주정거장은 정지된 세계가 아니라 부단한 생성의 세계다. 무한우주의 우주비행사 톰의 몸들은 각 사건에서 원자 결합 상태에 따른 차이의 산물이다. 매번 새로 등장하는 우주비행사 톰은 원자들의 배열처럼 생명과 생성의 재구성적 현상을 재현한다. 〈독수리자리 너머〉는 인간과 우주의 얽힘에서 사물의 본성과 인간의 본성을 드러내는 방식으로 SF 예술 형식의 방향성을 제시했다.

IV

SF미학과 SF서사

전체로서의 세계관과 우주 SF

　우주라는 세계를 인식과 진화의 관점에서 보면 인류의 이야기는 다르게 읽힐 수 있다. 우주와 인간은 기억의 연장과 의식의 확대를 통해 유기적 변화와 관계를 맺어왔다. 시간 척도는 인간이 고안한 발명품이다. 1초는 심장의 진동, 1일은 지구의 자전, 1개월은 달의 공전, 1년은 지구의 공전이다. 인류는 우주의 움직임에 따라 시간 척도를 발명하고 인간성을 풍성하게 하고 세계를 촘촘히 채웠다. 우주는 스스로 시간을 만들지 않았지만, 인간지능은 우주에서 존재하지 않는 시간 개념을 만들었고 우주와 지속적 관계를 맺고 있다. 이로써 모든 존재는 질서가 된다. 존재는 1초, 1일, 1개월, 1년 같은 우주적 조건에 의해 존재한다. 조건이 사라지면 존재는 사라지고 조건이 되면 다시 생성되어 존재한다. 인류는 우주적 '조건 의존성'에 근거한다. 우주는 인간적 질서에서 벗어나 있지만 인간은 우주적 조건에 의존한다. 우주론적 관점에서 인류의 자기 발견은 우주적 과정의 일부다.
　우주적 조건 의존성에 근거해 인간 개념도 변화의 맥락에서 고찰될 수 있다. 고대 철학자 크세노파네스(Xenophanes)가 인간중심주의를 경고한 이래, 푸코(Michel Foucault)는 근대 휴머니즘에서 형성된 인간을 역사적 개념으로 규정하고 인간 죽음을 선언했고, 데리다(Jacques Derrida)는 인간 종말을 제기했다. 미래의 인간학 담론으로 부상한 포스트휴머니즘은 휴머니즘을 극복한다는 뜻으로 인간 대 비인간(기계)의 경계 넘기, 과학과 인문학의 융화, 경계를 가로질러 뭐든지 될 수 있는 자유와 변화를 내포한다. 포스트휴머니즘이 과학기술에 의한 인간개조를 해체 대상으로 본다면, 트랜스휴머니즘은 과학기술을 진리체계로 신봉하고 인간을 초인간적 단계로까지 강화하려고 한다.

우주, 우주론, 우주 문학, 우주 SF 개념은 인간의 개념처럼 고정불변의 개념이 아니라 변화의 맥락에서 정의될 수 있다. 지금까지의 논의를 종합하면, 우주는 존재하는 모든 것을 아우르는 '하나의 전체'다. 고전 텍스트에서의 '자연' 혹은 '세계'는 SF 텍스트에서의 '우주'에 대응한다고 볼 수 있다. 우주론은 우주를 대상으로 하는 과학 담론이다. 과학기술 시대의 우주론은 과학에만 한정된 이론이 아니라 다른 학문 분과에서도 관심을 받고 있다.

우주는 사변적으로나 실증적으로 고대에서부터 과학기술의 발전과 인식의 변화와 맞물려 '자기성찰'을 요구하며 정의와 개념을 갱신하고 있다. 인류의 세계관은 인간과 지구 중심에서 인간과 지구 밖 또는 인간과 지구를 포함한 더 큰 세계를 향해 중심축을 바꿔왔다. 양자역학이 일상에서 적용되고 실현되면서 우주 개념을 구체화하는 문학 서사가 대중적 인기를 끌고 있다. 또한, 우주와 관련된 실증적, 수학적 증명이 이루어지면서 우주 담론은 더 깊은 자기성찰을 요구한다. 다양한 우주 개념이 부상하면서 우주는 고정된 것이 아니라 열린 개념으로 인간의 본성과 사물의 본성을 연결하는 전체로서의 세계 개념을 갖는다.

SF 드라마 〈평행우주〉에서 등장인물들은 평행우주를 오가며 자기성찰과 자기발견에 이른다. 〈평행우주〉는 6개의 에피소드로 구성되어 있고, 각 에피소드는 서로 다른 평행우주를 배경으로 다양한 우주론을 제시한다. 등장인물들은 각각의 평행우주에서 다른 삶을 살고 다른 평행우주를 오가며 자기성찰과 자기발견을 한다.

SF 드라마 〈평행우주〉는 '물질과 시간의 미결정성'이라는 '물리학 법칙'과 '양자역학적 다중세계'에 문학적 서사를 부여하는 공상과학물로 우정, 가족애, 공동체의 서사 구조를 갖추고 있다. 평행우주를 오가며 형제, 친구, 첫사랑, 가족, 이웃 간 관계가 회복된다. 〈평행우주〉에서 다중우주와 양자역학 같은 '물질의 법칙'은 '인간성의 법칙'과 연계된다. 평행우주를 오가는 시공간 여행자들이 '인간적 유대의 간절함'을 실현하면서 '자기발견'에 이른다는 점에서 〈평행우주〉는 'SF 가족극'으로 명명될 수 있다.

다중우주, 평행우주, 무한우주, 우리 우주 등 우주를 배경으로 하는 우주 SF에서 우주는 무대배경이 아니라 '독자적인 물질적 주체'로서 세계관의 확장을 가져온다. 우주 SF는 소설, 영화, 웹툰, 게임, 넷플릭스와 디즈니 플러스 시리즈물 등 다양한 장르와 플랫폼에서 출시되고 있다. 〈듄〉(Dune)과 〈삼체〉(The Three-Body Problem)는 대표적인 우주 SF이며, 실증적 과학기술의 발전과 양자역학에 대한 대중의 관심이 높아지면서 우주 SF는 하나의 독립된 장르로 자리매김하고 있다.

주요 철학자들의 우주론

우주는 고대 그리스의 원자론을 포함한 고대 자연철학에서부터 논의의 대상이 되어 왔지만, 본격적인 과학으로서 우주론은 아인슈타인과 허블(Edwin Powell Hubble)이 자연철학에 우주 관념을 도입하면서부터 시작되었다는 의견이 지배적이다. 자크 메를로 퐁티(Jacques Merleau Ponty)는 『20세기 우주론』에서 "한 천재 물리학자(아인슈타인)와 한 천문학자(허블)의 거대한 망원경이 자연철학에 우주 관념을 도입했다. 현대 우주론은 이 만남에서 탄생했다."라고 밝혔다.[156] 과학으로서의 우주론은 아인슈타인과 허블로부터 나왔다는 것이 정설이지만, 실증주의적 관점에서 현대 우주론은 '빅뱅 이론의 예측이 입증된 1965년' 혹은 '우주배경 복사를 관측하는 위성이 등장한 1989년'에 시작되었다는 의견도 있다.[157]

우주론은 우주선 아폴로(Apollo Program)의 달 탐사, 스페이스 엑스(SpaceX)의 화성 이주(Mars Colonization), 우주선(Starship) 개발에서 보듯이 이미 우리에게 당면한 현실로 주어졌다. 특히 SF 분야에서 우주론은 중요한 서사의 한 형식으로 실재한다. 우주와 우주론에 대한 철학적 입장은 임마누엘 칸트(Immanuel Kant)에서 살펴볼 수 있다. 『순수이성비판』(Critique of Pure Reason)은 '형이상학의 과학'의 가능성을 검토한다.[158] 칸트는 『순수이성비판』의 전반부 선험적 분석론에서 경험적 인식의 가능 조건을 정초한다. 그리고 이를 바탕으로 후반부 선험적 변증론에서는 심리학의 대상인 자아, 신학의 대상인 신, 우주론의 대상인 우주가 과학의 대상이 될 수 없다는 제한적 견해를 보인다. 칸트는 '형이상

---

[156] Jacques Merleau-Ponty, *Cosmologie du XXe siecle*, Gallimard, 1982, p.7.(이지선 재인용. p. 70)

[157] 1965년 미국 벨연구소의 천문학자 아노 펜지어스(Arno Penzias)와 로버트 윌슨(Robert Wilson)이 우주 배경 복사를 관측함으로써 우주 초기 열 폭발의 잔재가 우주 전체에 분포되었다는 빅뱅이론의 예측이 경험적으로 입증되었다. 이들은 우주 배경 복사를 발견한 공로로 1978년 노벨 물리학상을 받았다. 1989년 우주 배경 복사를 관측하는 위성의 등장으로 원시 우주에 대한 실증적이고 체계적인 연구가 가능해졌다. 이 두 시기를 현대우주론의 기원으로 볼 수도 있다.

[158] 이지선, 「우주, 우주론, 우주철학의 문제들: 우주론의 고고학을 위한 시론」, 『철학연구』 130, 2020, pp. 83-84.

학의 과학적 가능성'을 전면적으로 부정한 것이 아니다. 칸트는 경험의 한계 내에서만 형이상학이 가능하다고 보았으며, 초월적인 대상에 대한 순수 이성의 인식은 불가능하다는 제한적인 결론에 이른다.

자크 메를로 퐁티(Jacques Merleau Ponty)는 '우주란 무엇인가?', '존재하는 것이란 무엇인가?', '우주는 생성되는가 아니면 완성된 구조인가?'라고 질문한 형이상학적 우주론자로 불린다. 퐁티는 '과학으로서 우주론이 가능한가?'라는 칸트적 질문을 하면서도, 빅뱅 이론과 정상 상태 이론 등 과학적 우주론을 사실로 받아들인다. 칸트는 우주론의 과학적 인식 가능성을 비판적으로 제한한다. 칸트에게 우주론적 질문은 이성의 요청이지만 과학적 지식의 범위를 넘어선다. 퐁티는 칸트적 문제의식을 공유하면서도 과학적 우주론의 사실성을 받아들인다. 동시에 우주를 생성, 지각, 현현의 장으로 이해해 과학과 존재론을 함께 사유한다. '우주란 무엇인가, 존재하는 것이란 무엇인가, 우주는 생성되는가 아니면 완성된 구조인가?'와 같은 우주론적 질문에 답하는 데 있어서 두 철학자는 우주론을 단순한 과학적 기술을 넘어선 철학적 문제로 보았다. 그러나 칸트는 한계 설정에 집중했지만, 퐁티는 생성적이고 현상학적인 해석에 초점을 맞추었다.

신유물론과 우주론

퐁티는 우주의 존재론을 강조하고, 신유물론은 물질의 생성적 관계성을 강조한다. 퐁티의 우주론은 인간과 비인간의 관계에 주목하고 인간중심주의를 넘어서는 우주를 지향한다는 점에서 신유물론과 유사점이 있다. 퐁티와 메이야수(Quentin Meillassoux)는 우주를 포함한 실재가 인간과 무관하게 존재한다는 점을 강조한다. 메이야수는 우주의 절대성을 회복하려는 시도로 우주가 인간 사유의 조건에 종속되지 않는다는 상관주의 비판을 제기하며 인간의 인식 이전의 우주를 사유해야 한다고 주장한다. 메이야수는 빅뱅 같은 선험적 사실들을 우주의 절대적 사건으로 받아들이며, 우주는 절대적으로 생성하며 우발적이라고 규정한다.[159]

신유물론과 우주 SF에서 우주는 단순한 배경이 아니라 역동적 생성의 장으로 재사유된다. 우주론은 과학적 기술 차원뿐만 아니라 존재론적, 생성론적, 관계론적 차원으로 논의된다. 바라드에게 우주는 사물들의 집합이 아니라 끊임없는 차이가 생성되는 장이다. 양자역학적 신유물론을 펼치는 바라드는 과학적 우주론과 존재론적 우주론을 연결한다.[160] 브라이도티에게 우주는 탈중심적, 포스트휴먼적 생성의 장이다. 우주는 완성된 구조가 아니라 생명과 물질의 지속적인 변형과 생성의 장이며 우리는 그 과정의 일부다.[161] 인간은 우주 안에서 특권적 위치가 아니라 지속적 생성과 변환의 흐름에 있는 과정적 실체로 위치한다. 베넷은 생동하는 물질(vibrant matter) 개념으로 우주론을 이야기한다. 베넷에게 우주는 비인간 물질의 에이전시와 활력을 통해 스스로 생성하고 변형되는 장이다.[162]

신유물론에서 우주는 물질과 의미, 인간과 비인간, 생성과 회절이 얽혀 있는 역동성이다. 신유물론은 빅뱅 같은 과학적 우주론을 수용하지만 이를 의미와 생성의 차원으로 확장한다. 신유물론은 인간중심주의를 넘어서는 탈중심적이고 포스트휴먼적인 우주론을 제안한다. 신유물론

---

[159] Quentin Meillassoux, *After Finitude: An Essay on the Necessity of Contingency*, Continuum, 2008.
[160] Karen Barad, *Meeting the Universe Halfway* 참고
[161] Rosi Braidotti, *The Posthuman* 참고
[162] Jane Bennett, *Vibrant Matter* 참고

에서 우주론은 단순히 '우주의 과학적 기원'을 설명하는 데 머물지 않는다. 오히려 우주의 생성과 지속, 관계성, 물질적 활력성, 비인간적 에이전시의 얽힘도 함께 논의한다. 이를 통해 우주는 '존재하는 것들의 집합'이 아니라 '생성과 변형의 장'으로 이해되며, 형이상학적·존재론적 전환이 시도된다. 종합하면 신유물론은 과학적 우주론과 존재론적 우주론을 결합하는 논의를 펼치고 있다고 할 수 있다.

논리적 우주와 물리적 우주

우주는 존재하는 모든 것, 전체로 정의된다. 하지만 전체 또는 총체의 외연은 역사적으로 다르다. 허먼 본디(Hermann Bondi)는 『우주론』(*The Universe at Large*)에서 우주를 '물리적으로 유의미한 대상들의 가장 큰 집합'이라고 정의한다.[163] '물리적 우주'는 절대적 총체와 구분되어 기하학적 속성과 질량 같은 물리적 속성을 부여할 수 있는 대상이다. 물리적 우주는 논리적 우주와 구분된다.

'논리적 우주'는 논리적 모순을 포함하지 않는 한에서 가능한 모든 세계를 포괄한다. '논리적 우주'가 전체 집합이라면 '물리적 우주'는 부분 집합이다. 물리적 우주는 물리법칙의 지배를 받고 경험의 대상이 될 수 있는 자연현상이다. 물리적 우주는 전체로서의 논리적 우주에 비하면 부분에 불과하다. 인간은 우주의 일부이며 우주 밖으로 나갈 수 없다. 인간과 우주의 관계는 부분과 전체의 관계다. 부분과 전체는 다른 법칙을 따를 수 있다. 전체는 부분의 합보다 크거나 혹은 등식이 성립되지 않을 수 있다.

---

[163] Hermann Bondi, *The Universe at Large*, Doubleday, 1960, p. 3-10.

전체 > Σ 부분

전체 ≠ Σ 부분

전체 < Σ 부분

우주의 일부인 인간은 우주의 한 부분이거나 우주를 구성하는 행성, 항성, 은하와 같은 요소다. 우주의 법칙은 보편적 법칙과는 다르다. '중력 법칙'은 지구의 모든 물체에 대해 성립한다는 점에서 '보편 법칙'이지만 우주 자체에 적용된다고 볼 수는 없다.

유일한 대상을 다루는 과학은 실험 가능한 '물리적 과학'과 구분해 '역사적 과학'이라고 불린다.[164] 우주는 전체성과 유일성의 속성을 갖는다. 우주가 하나의 전체라는 전제가 있다. 다중우주 개념이 떠오르면서 우주를 둘러싼 우주 철학적 논의도 달라지고 있다. 우주 관련 담론과 서사에서 논의되는 우주에는 관측 가능한 우리 우주인 '단일우주', 다중우주에 존재하는 각각의 독립적 우주인 '평행우주', 그리고 평행우주들이 모여 있는 매우 많은(무한한) 우주인 '다중우주'가 있다.

다중우주론은 인과관계가 없는 시공간을 상정하고, 현재의 관측 가능한 우리 우주를 부분으로 보는 이론이다. 다중우주론자 맥스 테그마크(Max Erik Tegmark)는 존재하는 모든 것을 '물리적 실재'라고 정의하고, 다중우주를 우리 우주와 구분한다. 우리 우주는 물리적 실재 중 우리에게 관찰 가능한 부분으로 빅뱅 이후 빛이 우리에게 도달하기까지 137억 년 동안 전파된 영역으로 정의된다.

테그마크는 여러 단계의 우주론을 제안한다.[165] 1단계 다중우주는 빅

---

[164] G. F. R Ellis, "Issues in the Philosophy of Cosmology," *Philosophy of Physics*, Elsevier, 200, pp. 1216-1217.
[165] 맥스 테그마크, 『맥스 테그마크의 유니버스』, 동아시아, 2017, p. 188.

뱅 이후 급팽창(inflation)의 결과물이다. 급팽창 이론에 따르면 현 우주는 빅뱅 이후 우주가 급팽창 단계를 거치면서 생성된 우주 중 하나다. 급팽창은 무한 공간을 낳았고 우리의 물리법칙이 허용하는 한 뭐든지 일어날 수 있는 장소가 나타났다. 이 장소들이 1단계 우주다. 여기에는 관찰되지 않는 무수한 평행우주들이 포함된다.

2단계 다중우주는 급팽창 이후 거품이 생긴 결과로 우리와 전혀 다른 물리법칙과 상수, 시공간 차원을 가진 평행우주가 포함된다.

3단계 다중우주는 양자역학의 다세계 해석(many worlds interpretation)에 따른 우주다. 휴 에버렛 3세(Hugh Everett III)의 다세계 해석에 따르면 한 양자적 사건이 일어날 때마다 그 사건을 분기점으로 새로운 세계가 형성된다.

4단계 우주는 테그마크의 수학적 구조를 지칭하는 것으로 1단계부터 3단계까지 모든 단계를 포괄하는 것으로 '논리적 우주'와 같은 개념이다.

'논리적 우주'는 테그마크의 4단계 다중우주 개념과 연결되고, 테그마크의 1~3단계 다중우주까지는 물리적 우주의 확장으로 볼 수 있다. 테그마크의 각 단계별 우주는 공통적으로 적용되는 생성 메커니즘과 존재 이유가 있다. 어떤 우주도 유일하게 존재해야 할 이유가 없다. 테그마크에게는 하나보다는 여러 개로 존재하는 것이 더 자연스럽다. 테그마크는 우주는 근본적으로 수학적 구조로 이루어져 있고 '물리적 우주'는 이러한 수학적 구조가 구체적으로 구현된 영역이라고 본다. 테그마크는 '논리적 우주'를 수학적으로 가능한 모든 구조의 존재론적 장으로 본다. 물리적 우주는 그중 한 가지 표현으로 수학적 구조와 물리적 실재의 경계를 제거해 우주론과 존재론을 수학적 기반 위에 재구성한다. SF 가족극 〈평행우주〉는 테그마크의 우주론에 기반해 다중우주론으로 해석될 수 있다.

〈평행우주〉와 다중우주론[166]

〈평행우주〉의 두 등장인물인 빅터와 로메인이 여러 평행우주를 넘나들자 '세계선'(world line)이 휘고 빅터는 시간이 빨리 흐르게 하는 초능력, 로메인은 시간을 멈추는 초능력을 우연히 갖게 된다.[167] 세계선이 휘면서 여러 가지 기이한 현상이 발생한다. 〈평행우주〉에 나타난 6개 평행우주 중에서 평행우주 2와 평행우주 3이 얽힌 평행우주 4가 관측 가능한 세계로 등장하고 인간관계에도 변화가 생긴다. 평행우주 4에서 가까운 미래(평행우주 3)에서 온 로메인과 먼 미래(평행우주 5)에서 온 비랄의 사이가 좋아진다. 평행우주 1에서 로메인과 샘은 첫사랑이었지만 시간여행을 하면서 인간관계도 변한다.

〈평행우주〉에서 사라진 아이들을 찾는 역할을 하는 레츠 경위도 자료조사를 통해 10년 전 실험이 있던 날 시스템 오류, 정전, 실종 사건이 발생했다는 사실을 알게 된다. 레츠 경위는 실험과 정전, 사라짐의 연관성을 확신한다. 비랄의 어머니이자 양자물리학자인 소피아는 레츠 경위의 확신을 과학실험으로 밝히려고 한다. 소피아는 아틀라스 실험 환경을 설정해 두 마리의 닭으로 모의실험을 한다. 실험 결과, 닭 한 마리는 사라지고 다른 한 마리는 불타 버린다. 하지만 불타 버린 잔해에 2035년 5월 14일의 소피아가 평행우주 4의 소피아에게 보내는 USB가 있었다. 소피아는 이 상황을 과학적으로 설명한다.

---

[166] 홍은숙, 「〈평행우주〉에 나타난 다중우주와 물질적 얽힘」, 『영미어문학』 153, 2024, pp. 21-39.
[167] 수학자 헤르만 민코프스키(Hermann Minkowski)는 시간과 공간을 분리된 개념으로 파악하지 않고 '시공간 통일체만 독립적 실체'로 남을 것이라고 주장한다. 물리적 사건이 일어난 장소와 시간을 좌표로 표현한 점이 세계점(world point)이다. 세계점들이 그리는 궤적이 세계선이다.

소피아: 지구에는 지구 자기장이 있어요. 지구상의 우리 위치에 따라 지구 자기장의 세기는 변할 수 있어요. 하지만 대체로 그 차이는 작아요. 1994년 입자가속기를 만들기 시작했을 때 각종 수치를 조사했어요. 지역 지구 자기장이 균일한지 조사하는 것이었죠. 양성자를 둘레 27km 가속기에 던졌을 때 실험에 방해되는 게 없는지 확인하기 위해서였죠. 모든 작업을 하기 전에 수치를 조사했어요. 그리고 전부 괜찮았어요. 한 가지만 빼고. 하루는 내가 벙커에 센서를 설치했어요. 그러자 수치가 난리가 났죠. 그런 건 처음 봤어요. 일반적으로 우리는 그걸 자기 이상이라고 해요. 어떻게 설명할 수 있냐고요? 모르겠어요. 하지만 내가 아는 건 이러한 이상(비정상)과 입자 충돌을 더 하면……

샘: 시간여행.

소피아: 로메인과 빅터는 4년 후 미래에서 왔고 비랄은 15년 후 미래에서 왔어요. 각자 독립적으로 현재로 샘에게 돌아온 거라고 할 수 있어요. 하지만 그들은 샘이 알고 있는 빅터, 로메인, 비랄이 아니에요. 그들은 로메인, 빅터, 비랄의 한 버전일 뿐이에요.

비랄: 에버렛의 다중우주!

소피아: 에버렛의 주장에 따르면 동전이 멈출 때 우주는 반으로 나누어져요. 첫 번째 우주에서는 앞이 위로, 두 번째 우주에서는 뒤가 위로, 이 두 우주는 실제로 존재하지만 절대로 만나지 않아요. 그래서 우리는 그걸 평행이라고 불러요. 그날 당신들이 벙커에 갔을 때 당신들은 소용돌이에 빠진 거예요. 평행우주가 당신들의 각 버전을 무작위로 선택한 거예요. 로메인, 당신은 비랄과 샘이 사라진 세계에서 왔어요. 샘, 당신은 당신만 살아남은 세계에서 살고 있어요. 그리고 비랄, 당신의 우주에서는 당신과 로메인만

떠났어요.

비랄: 그걸 어떻게 아세요? 저도 저를 잘 모르는데요.

소피아: 당신이 돌아온 건 우연이 아니에요. 당신은 벙커로 돌아가 바로 잡으려고 선택한 것이죠.

다중우주는 계속 갈라져 발생하는 우주다. 에르빈 슈뢰닝거(Erwin Schrödinger)가 파동을 기술하고 물질이 상태를 기술하기 위해 만든 방정식에 근거해 소피아는 존재자들(물질, 파동, 평행우주 등)이 동시에 존재할지 혹은 한 곳에만 존재할지가 결정된다고 설명한다. 또한, 소피아는 관측하기 전까지는 알 수 없다는 위험성을 아이들에게 알려준다. 코펜하겐 해석(Copenhagen Interpretation)에서 파동함수는 측정되기 전에는 여러 상태가 확률적으로 겹쳐 있지만 관측하는 순간 '파동함수의 붕괴'가 일어나 전자의 파동함수는 겹친 상태가 아닌 하나의 상태로 결정된다. 이 이론은 상태를 관측으로 결정하는 과정에 대한 수학적 설명이 없으므로 보편적으로 수용되기에는 한계가 있다.

위 대사에서 소피아가 설명하고 비랄이 동의한 에버렛의 '다세계 해석'에 의하면 모든 사건에 대해 가능한 모든 결과가 양자 결풀림 현상으로 각자의 세계에 실재한다. 관측으로 한 세계만 남고 나머지 세계가 붕괴하는 것이 아니라 관측하는 순간 다른 세계로 갈라진다. 즉, 붕괴 개념이 아니라 모든 경우의 수가 다른 평행우주로 존재한다는 개념이다. 소피아는 다세계 해석에 근거해 갈라진 세계에서 갈라진 것들이 다시 만나는 것이 가능한지 의문을 남긴다.

소피아의 설명에서 보듯이 관측 가능한 우주에서 모든 것은 관측자를 기준으로 발생한다. 〈평행우주〉의 주인공은 세계선에 대한 기억이 있어 다른 평행우주를 느낄 수 있다. 〈평행우주〉에서 세계선 개념을 기계에 적용한 것이 '아틀라스 실험'이다. 〈평행우주〉는 아틀라스 실험으로 무작위적 세계선의 휨 현상을 설명한다. 초능력, 시공간 여행, 관계의 변화, 중첩 같은 관측 불가능한 신비한 현상이 〈평행우주〉의 내러티브에 포함된다.

여러 가지 다중우주론을 학습한 친구들은 아틀라스 실험 이전의 평행우주 1로 돌아가기 위한 전략을 세운다. 그들은 세계선을 자의적으로 휘게 하려고 한다. 빅터는 부모님의 사랑을 받지 못하는 아들은 어느 세계든 마찬가지라며 소용돌이 이전 세계로 돌아가지 않으려고 한다. 하지만 그들은 삶은 함께하는 데 의미가 있고 친구들이 없는 세상은 고통일 뿐임을 시공간 여행을 하면서 알게 되었다. 샘, 빅터, 비랄, 로메인은 신비한 시공간 여행 자체가 목적이 아니라 '인간적 유대의 간절함'을 실현하는 데 집중한다. 이로써 네 명의 친구는 상호연결되어 상호의존하는 관계를 회복하는 데 동의하고 아틀라스 실험에 참여한다.

네 명의 친구는 시공간 여행의 기억이 있고 소피아는 평행우주 5의 소피아가 남긴 USB를 통해 그동안의 사정을 알게 된다. 평행우주 6은 평행우주 1의 연장이 아니라 그 자체로 새로운 평행우주다. 평행우주 6에서 친구들은 우정을 회복하고 각자의 문제를 해결하기 위해 연대한다. 그리고 각 가정의 복잡한 문제들도 해결의 실마리를 찾고 우정과 가족애가 회복된다. 그들은 서로 연결되어 의존하면서 개인과 가족, 공동체에서 인간적 유대감을 형성한다. 그들은 혼자 남겨졌을 때의 불행을 다시 겪고 싶어 하지 않는다.

〈평행우주〉는 우주가 단일우주가 아니라 평행우주로 구성된 다중우주임을 보여준다. 평행우주 6은 우주라는 개념이 무한대라면 경우의 수가 무한하다는 가능성을 실현한 세계다. 〈평행우주〉는 여러 가지 평행우주의 얽힘과 다중우주론으로 다중우주 개념을 실현한다.

다중우주는 '인플레이션(팽창) 이론'(inflation theory)의 볼 수 없는 예측이다. 인플레이션 이론 중 영원한 인플레이션 이론이 있다. 인플라톤(inflaton) 에너지가 미세하게 섞여 우주가 영원히 팽창한다는 가설이다.[168] 인플레이션으로 우주는 무한대로 존재하며 평행우주 사이에 인과관계는 없다. 우주는 영원히 팽창하므로 각 우주는 만날 수 없다. 이러한 다중우주론에서 우주의 시작과 끝은 없다.

코페르니쿠스는 지구중심설을 거부하고 태양중심설을 주장했다. 하지만 다중우주에서 태양계는 중심이 아니다. 다중우주에는 중심이 없다. 우리 우주조차 수많은 우주 중 하나일 뿐이다. 이처럼 지구 중심, 태양 중심, 그리고 중심 없는 다중우주에 이르기까지 다양한 우주론은 변화의 맥락에서 예측과 진화를 거듭하고 있다. 그리고 〈평행우주〉에 나타난 다중우주론은 물질의 법칙과 연계된 인간을 향한다. 〈평행우주〉의 우주 서사는 시공간 물질화의 반복적 실행을 통한 '우주와 인간의 얽힘' 그리고 평행우주 시공간 여행에서 형성되는 '인간적 유대'로 귀결된다. 이러한 방식으로 〈평행우주〉는 다중우주에 대한 인식의 지평을 넓게 펼쳐낸다.

다중우주론은 앞에서 논의한 우주의 속성인 전체성과 유일성을 부정한다. 우주가 존재하는 모든 것도 아니고 유일하지도 않다면 다른 과학적 대상과 다를 바 없고 우주론과 다른 과학의 차이를 논할 이유도 없어진다. 다중우주는 우주의 정의가 열린 개념임을 보여준다.

다중우주는 불가지론적인 불필요한 논의가 아니라 고대 원자론에서부터 양자역학에 이르기까지 SF 서사의 중심이었다. 우주도 인간 개념처럼 사라질 발명품일 수 있지만 우주는 카오스(chaos)에서 코스모스

---

[168] 스칼라장(scalar field)은 공간의 각 지점에 하나의 수치 값을 부여하는 장으로, 인플라톤은 초기 우주의 급팽창을 일으킨 가상의 스칼라장이다.

(cosmos)로의 진화를 이야기하는 신화에서부터 인간의 지식이 가장 오랫동안 품고 끈질기게 던진 문제다. 과학기술시대에 우주는 과학적 탐구에만 그치지 않고 신화와 상상력, SF와 신유물론, 생태학과 애니미즘, 자연관과 세계관 등 모든 사유의 중심에 있다.

SF 미학: 매체 전환과 테크네 장르[169]

과학기술시대의 문학 형식을 학문적으로 정립한다는 것은 무엇인가? SF는 디지털 문학, 사변 문학, 사회적 픽션, 대체 문화를 포괄하는 기표로 과학기술시대를 대표하는 문예 장르다. SF에서 미학적 질서와 과학적 질서가 얽혀 있고 중첩과 충돌이 발생하고 있다. SF 장르 스터디는 미학적 형식과 과학적 형식의 상호작용 방식, 기존 문학 형식의 재구성, 새로운 형태를 부여하는 방식에 대한 논의일 것이다. SF 장르 스터디는 과학 현상, 철학 사유, 문학 형식, 텍스트 해석학, 예술적 감각을 종합하는 연구방법론으로 기술이 가져온 문제를 새로움으로 전환해 기술에 잠식된 인문학이 아니라 정신의 경지를 더 높이고 인문학의 지평을 넓게 펼쳐내는 공부다.

과학의 역사와 문학의 역사는 인간 재발견의 역사와 무관하지 않다. 인쇄술은 지식의 확장과 종교개혁에만 그치지 않고 인간에 대한 새로운 해석을 가능하게 했다. 미시세계의 양자역학과 거시세계의 인공지능학은 인간과 비인간의 관계적 존재론을 화두로 제시했다. 또한, 기술과 예술의 융합체인 테크네는 과학기술시대에 이르러 테크네 생태계를

---

[169] 홍은숙, 「디지털 시대의 테크네와 문예 양식: 『목격자』에 나타난 물질적 전회」, 『신영어영문학』, 2024, pp. 221–242.

기술적으로 구축하고 있다. 테크네 생태계에서 디지털 문예 플랫폼과 SF는 네트워크 장르와 사변 문학의 속성을 획득해 인간의 본성과 사물의 본성을 융합한다.

우리 시대의 대표적인 문예 플랫폼인 넷플릭스는 상업적 플랫폼이지만 다자간 협업으로 제작되는 '네트워크'다. 들뢰즈의 리좀(rhizome)처럼 네트워크는 전방위로 뻗어 있어 형식이 없어 보이고 봉쇄적 형식을 교란하기도 한다. 우리 시대의 SF는 단독으로 존재하지 않고 디지털시대의 사회적·미학적 형식들과 중첩되고 충돌하면서 네트워크 장르로 작동한다.

디지털시대의 문예는 '텍스트 언어'를 중심으로 하는 고전 장르의 양식에 구애받지 않고 다양한 매체와 플랫폼을 통해 고전적 의미의 테크네를 되살려낸다. 최근 플랫폼의 다변화와 함께 상업적 플랫폼에서 문예 플랫폼으로의 이행은 주목할 만한 과학기술시대의 사회적 배경이다. 넷플릭스를 비롯한 디지털 콘텐츠 플랫폼은 콘텐츠 송출 기능을 넘어 콘텐츠 제작과 기획에 참여하고 다양한 지역과 문화를 넘나들며 다자간 협업의 장을 제공하고 있다.

〈목격자〉(The Witness)는 넷플릭스 애니메이션 앤솔로지 시리즈 〈러브, 데스+로봇〉(Love, Death+Robots)의 시즌 1에 수록된 작품이다. 〈목격자〉의 작가 겸 감독은 스페인 출신의 알베르토 미엘고(Alberto Mielgo)이고 〈러브, 데스+로봇〉의 총감독은 데이비드 핀처(David Fincher), 제니퍼 밀러(Jennifer Miller), 팀 밀러(Tim Miller)이고 〈목격자〉를 제작한 스튜디오는 미국의 블러 스튜디오(Blur Studio)와 스페인의 핑크맨티브이(Pinkman.tv)다. 이처럼 최근 다매체 드라마는 전 지구적 다자간 협업으로 네트워크 장르의 토대를 구축하고 있다. 디지털 문예 플랫폼은 '기술적 요소'와 '예술적 요소'를 종합하는 새로운 '테크네 생태계'를 조성하고 있다.

디지털 기술과 플랫폼은 문예창작과 문예 양식의 변화를 초래하고 있다. 디지털 세대는 텍스트 언어보다 컴퓨터 언어와 가상현실을 통해 인간과 세계를 이해하고 해석하는 데 익숙하다. '세상을 마주하고 이해하는 방식의 전환'은 인류 문명을 가능하게 했던 '언어적 전회'에서 '물질적 전회'로의 문명사적 전환과 맞닿아 있다.

디지털 대전환은 문예 형식에 있어서 매체 전환(Media Transposition)을 가져왔고, 다매체 드라마에서 자연어 텍스트의 비중은 낮아지고, 인간과 세상의 관계를 새로이 설정하는 '시뮬라시옹'(simulation)과 '시뮬라크르'(simulacra) 존재론이 다시 주목받고 있다. 〈목격자〉에는 익숙한 자연어 텍스트는 거의 없으며, 언어적 소통과 대화를 통한 공감도 없다.

〈목격자〉와 같은 다매체 드라마는 예술과 기술이 함께 구현되는 테크네의 한 양식이며, 문예사적 측면에서 과학적 상상력을 바탕으로 하는 SF(Science Fiction)의 한 장르다. 텍스트 언어를 기반으로 한 메리 셸리(Mary Shelley)의 『프랑켄슈타인』(Frankenstein, 1818)으로 대표되는 과학소설이 산업혁명 이후 지배적이었다면, 디지털 대전환에 따른 매체 전환은 다매체 드라마, 디지털 콘텐츠, 웹소설, 웹게임, 웹툰, OTT 시리즈물을 포함해 다양한 'SF 하위 장르'의 부상을 가져왔다. 다매체 드라마로 대표되는 디지털 문예 양식들은 SF의 범위를 넓게 펼쳐내고 있으며, 디지털 시대의 사변 문학(Speculative Fiction, SF)으로까지 영역을 확장하고 있다.

인공지능과 메타버스 같은 과학기술이 구현되기 이전의 대중 서사물에는 과학적 신비가 팽배한 미래에 대한 기대감보다 기술이라는 비인간 타자에 대한 당혹감이 더 지배적이었다. 허버트 웰스(Herbert Wells)의 『타임머신』(The Time Machine, 1895)은 기술이 미래 인간에게 유익한 결과가 아닐 것이라고 경고한 최초의 소설이다. 픽사(Pixar)의 〈월-E〉(WALL-E, 2008)는 로봇으로 인한 신체 능력 퇴화, 예브게니 자먀찐(Yevgeny Zamyatin)의 『우리들』(WE, 1924)은 수학 공식의 최종 통제자가 인간을 통제하고 올더스 헉슬리(Aldous Huxley)의 『멋진 신세계』(Brave New World, 1932), 조지 오웰(George Orwell)의 『1984』(Nineteen Eighty Four, 1949), 〈2001: 스페이스 오디세이〉(2001: A Space Odyssey, 1968), 〈터미네이터〉(The Terminator) 시리즈, 〈아이, 로봇〉(I, Robot, 2004)은 인공지능이 인간을 통제 · 지배하는 디스토피아적 관점을 제시한다. 〈매트릭스〉(The Matrix) 시리즈에는 인간을 가상공간에 가두는 인공지능 시스템이 등장하고 〈그녀〉(HER, 2013)와 〈엑스 마키나〉(Ex Machina, 2015)에는 사랑이라는 감정을 읽고 조작하는 인공지능이 등장한다. 〈크리에이터〉(Creator, 2023)는 인간의 제국주의적 체제가 인공지능 체제보다 위험하다는 경고와 함께 인간의 폭력성과 인간 지성의 위험성을 경고한다. 이 과정에서 SF 서사의 축은 사변적 단계로 진입한다.

  SF 창작물은 기술이 가져올 유토피아에 대한 기대감보다 디스토피아와 허무주의를 경계하는 작품이 양적으로나 영향력에 있어서 더 우세하다. 이러한 양상을 대표하는 장르는 SF 하위 장르인 '사이버펑크'(Cyberpunk)다.[170] '사이버네틱스'(Cybernetics)[171]와 반항적, 반사회적

---

[170] 1985년 SF 평론가 가드너 도즈와(Gardner Dozois)가 브루스 베스키(Bruce Bethke)의 미성년 해커 집단을 다룬 단편 소설 『사이버펑크!』(Cyberpunk!, 1980)의 제목을 차용한 이후, 사이버 펑크는 기존 SF 문학과 구별되는 새로운 SF 하위 장르를 가리키는 신조어가 되었다. 윌리엄 깁슨(William Gibson)의 소설 『뉴로맨서』(Neuromancer, 1984)에서 인터넷으로 연결된 가상공간을 뜻하는 '사이버 스페이스'라는 용어가 사용되면서 '사이버 펑크' 개념이 등단했다. 사이버 펑크의 주인공들은 네트워크에 반발하는 반항적이고 반사회적 성격을 띤다. 디지털 대전환 이후 과학기술시대가 심화되면서 사이버 펑크의 하위 장르는 다양하게 파생되고 있다. 이로써 SF는 무한 파생 과정 중에 있는 장르의 속성을 갖게 되었다.

[171] 사이버네틱스의 어원은 고대 그리스어 'kybernetikos'(good at steering, 배를 조종하는 조타수)다. 하이데거(Martin Heidegger)는 1966년 『Der Spiegel』과의 인터뷰에서 "미래에는 무엇이 철학을 대체하는가?"라는 질문에 '사이버네틱스'라고 대답했다. 이후 사이버네틱스는 미

성향의 '펑크'(punk)의 합성 장르인 사이버펑크는 '기계화된 세상'의 '암울한 분위기'를 배경으로 한다. 1980년대에 등장한 사이버펑크는 기술 혁신이 일상이 된 인공지능시대에 이르러 또 다른 하위 장르를 파생하고 있다.

SF는 '파생의 파생'이라는 진화와 변화 과정을 거친다. 2010년대 후반부터 복고 열풍이 불면서 지나간 과거의 장르들이 현대적으로 재해석되는 상황에서 사이버펑크는 다시 전성기를 맞는다. 사이버펑크 창작물은 가까운 미래를 배경으로 기술 문명이 가져올 변화에 대한 당혹감에 주안점을 둔다. 허무주의적 사이버펑크 장르에서 연결, 공감, 소통의 서사는 없다. 초연결성을 지향하는 기술이 일상 삶에서 연결, 공감, 소통을 실현할 것으로 기대되었지만 사이버펑크는 기술의 '허무주의'를 드러낸다.

〈목격자〉는 형식적 측면에서 사이버펑크와 루프 장르의 요소를 갖추고 있다. 미엘로 감독은 과학기술시대의 '사랑'이라는 주제에 천착한 작가 겸 화가이자 장르융합적 크리에이터다.[172] 〈목격자〉는 미엘고 감독의 창작 활동의 주제인 사랑을 기술적 측면과 관념적 측면에서 조명한다. 〈목격자〉는 과학기술시대의 사랑이라는 관념을 텍스트 언어로 재현하지 않는다. 〈목격자〉에는 고전적 의미의 사랑이 서사화되지 않고 사회통념적으로 받아들여질 만한 사랑의 상징과 모더니즘적 기호체계가 없다. 오히려 사이보그(Cyborg, Cybernetic Organism), 클론(Clone, 복제 인간), 휴머노이드(Humanoid, 인간형 로봇) 같은 다양한 몸, 복제물, 인공적 존재들이 단 한마디의 텍스트 언어 없이 외설적인 몸 노출 장면으로 '형이상학적 관념의 부재'를 회의적으로 드러낸다.

래의 철학으로 일컬어진다. 문예 이론으로서 사이버네틱스는 인간과 비인간(기계)의 마음이 정보를 처리하고 이를 통해 시스템의 자기제어와 자기 조직화를 어떻게 구축하는지를 설명하는 이론이다.
172 미엘고 감독 관련 내용은 웹 사이트 참고. [http://www.albertomielgo.com]

언어의 발명과 완성은 인류 진화와 문명의 결정체다. 인류가 말할 수 있을 때까지 정신을 직접 표현할 기관(매체)은 없었다. 지적 담론과 유희의 수단인 언어는 인간이 조직적 정신유형에 이르게 하는 결정적인 매체다. 언어적 전회로부터 주문, 의례, 정신, 신화, 문학의 출현이 가능했고 인쇄술 발명 이후 텍스트 언어는 전성기를 구가했다. 하지만 언어(텍스트 언어)는 과학기술시대에 이르러 매체적 맥락에서 전환점에 이르렀다. 텍스트 언어의 위기는 문학적 표현 방식의 변화와 테크네 장르의 부상과 맞닿아 있다. 매체 전환과 테크네 장르는 언어적 전회에서 물질적 전회로의 전환을 알리는 신호다.

언어적 전회에서 물질적 전회로의 과정을 드러내는 SF를 연구할 때 '언어의 본성'에 대한 이해를 간과하면 안 된다. 언어는 본질적으로 허구성과 신화성을 갖고 있다. '신화적인 것'과 '형이상학적인 것'은 세계를 이해하는 중요한 요소다. 현상은 언어와 일치하지 않기 때문에 의미는 언어를 통해 완벽히 전달될 수 없다. 물론 언어의 목적이 대상을 완벽히 구현하는 것은 아니다. 언어는 신화적, 주술적 속성으로 부수적 의미를 파생·복제할 수 있다. 기호는 무한히 증식하면서 파생·복제를 거듭하고 결국 탈재현적인 것이 된다.[173]

언어를 통해 가상적인 것(the virtual)을 창조하는 것은 부가적으로 파생되고 의도된 외적 결과라고 할 수 있다. 인류는 언어라는 기호를 통해 실재와 가상, 실재와 허구를 동시에 갖추게 되었다. 언어를 조작하는 능력은 문학의 탄생으로 이어졌다. 텍스트 언어를 통해 가상의 실재를 창조하는 시대는 물질적 전회 시대에 이르러 테크네를 통해 가상의 실재를 창조하는 시대로 전환하고 있다. 과학기술시대의 테크네는 언어적

---

[173] 김희봉, 「현대사회의 가상성과 보드리야르의 시뮬라크르 개념」, 『현상학과 현대철학』 60, 2014, p. 26.

전회 시대의 언어적 기호를 대체한 것으로 매체 전환과 새로운 장르의 출현을 가져왔다.

텍스트 언어에 기반한 문학 양식에서 디지털 미디어로 매체가 전환되었다는 것은 시대정신과 사유 방식의 전환과 무관하지 않다. 매체 전환은 시대와 문화의 전환을 반영하기 마련이다. 매체 전환 과정에서 새로운 사유 방식과 더불어 세계관을 변화시킬 수 있는 전복성이 생성될 수 있다. 문예 창작과 수용은 물질적·비물질적 맥락이 복합적으로 작용하는 가운데 이루어진다. 특히 이야기의 맥락이나 서사 방식에 변화가 일어나면, 이데올로기적 차원이든 문자적 차원이든 이야기가 만들어지고 해석되며 이해되는 방식이 근본적으로 달라질 수 있다.[174] 따라서 매체 전환은 새로운 사유 방식과 존재 방식을 수반한다. 매체 전환은 텍스트 언어의 의존성에서 벗어난 파생물로 폄하될 수 없는 새로운 장르와 새로운 서사 방식을 가져왔다.

SF 미학: 시뮬라크르 존재론[175]

미엘고 감독과 넷플릭스의 SF 드라마 〈목격자〉에서 출근 준비 중이던 한 여자가 길 건너 건물에서 들려오는 싸움 소리에 창밖을 내다본다. 그녀는 피범벅이 된 한 남자의 살인 장면을 목격한다. 그는 길 건너편 건물에서 자신의 살인 장면을 목격한 여자에게 할 이야기가 있다며 그녀에게 달려간다. 살해 장면을 목격한 그녀는 그의 이야기를 들으려고

---

[174] Linda Hutcheon, *A Theory of Adaptation*, Routledge, 2013, p. 28.
[175] 홍은숙, 「디지털 시대의 테크네와 문예 양식: 『목격자』에 나타난 물질적 전회」, 『신영어영문학』, 2024, pp. 221-242.

하지 않은 채 직장으로 도망친다. 두 사람은 미래주의적 가상세계의 한 장면처럼 거리에서 쫓고 쫓기는 추격전을 벌인다. 추격전 끝에 그녀가 도착한 직장은 사이보그와 클론이 환락의 성매매를 하는 홍등가다. 그녀는 직장에서 아무에게도 도움을 청하지 못한 채 총을 챙겨 도망치고 결국 둘은 추격전 끝에 살인 사건이 처음 일어났던 건물(유사한 건물)에 도착한다. 그녀는 쫓아오는 그 남자에게 말할 기회도 안 주고 총을 겨눈다. 한편, 건너편 건물에서 한 남자가 총소리를 듣고 그녀의 살해 장면을 목격한다. 그녀는 자신이 살해한 남자가 건너편 건물에서 살해 장면을 목격한 남자임을 알고는 그에게 뭔가 말하기 위해 달려간다. 그는 이전 장면의 그녀처럼 어디론가 도망치고 그녀는 그를 쫓아간다. 두 사람의 추격전이 같거나 비슷한 거리에서 다시 시작, 반복, 복제, 파생된다.

〈목격자〉의 그 남자와 그 여자는 여러 세계(세계 1, 2, 3, 4)에서 현존하며 하나의 세계를 지향한다. 〈목격자〉에 나타난 우로보로스적 세계는 바로 가상 다중세계다. 〈목격자〉는 각 사건과 각 세계의 무한 반복성과 연속성으로 모방의 미메시스(mimesis)를 넘어선다. 미메시스 개념은 고대에서부터 르네상스와 신고전주의에 이르기까지 예술 활동의 본성을 규정하는 용어로 사용되었다. 플라톤이 미메시스를 예술 활동의 본성을 규정하는 용어로 사용해 사상적 토대를 마련했다면, 아리스토텔레스는 이를 수용하는 동시에 자신의 예술에 대한 특유한 이해를 접목시켜 미메시스로서 예술사상의 고전을 구축한다.[176]

〈목격자〉의 시퀀스는 미메시스에 수반되는 확장 전환된 세계(세계 1, 2, 3, 4…)를 독립적으로 배치한다. 〈목격자〉에 나타난 각 세계의 각 사

---

[176] 미메시스 예술사상은 『시학』(Poetics)에 집약되어 있다. 아리스토텔레스의 미메시스는 성격과 행위에 대한 재현에 기반한다. 미메시스의 인지적, 미적, 도덕적 요소는 비극의 플롯에 반영되어 있다. 비극의 플롯은 인간 보편성에 대한 인지적 요소, 연민과 공포를 불러일으키는 미적 요소, 휴브리스와 관련된 도덕적, 반성적 성찰을 제시하면서 완성된다.

건은 단절과 교감을 넘어 '차이의 의미'를 생성하는 개연성의 세계다. 각 세계의 인물들이 똑같거나 비슷한 극적인 행동을 반복하더라도 차이의 의미에서 "같은 강물에 발을 두 번 담그지 않는다."[177] 이 과정에서 그 남자와 그 여자의 세계는 미메시스 차원을 넘어섰다.

〈목격자〉에서 가상성(virtuality)은 현실성(actuality)이 아니라 다중세계의 실재성(reality)이다. 두 남녀의 가상 다중세계는 모사와 원형이라는 용어에 사로잡힌 재현이 아니다. 〈목격자〉에 나타난 다중세계는 절대 진리를 주장하지 않고, 누구의 세계가 원본인지를 주장하지 않고, 가상성을 드러내는 전략으로 비재현적 예술성을 갖는다. 이런 가운데 가상과 현실의 구분과 위계는 무의미해지고 미메시스 논의는 시뮬라크르 논의로 넘어간다.

그 남자와 그 여자는 살인자와 목격자라는 고정된 모습이 아니라 양태들(사건들)의 투쟁과 변용 속에서 끊임없이 변해간다. 〈목격자〉의 두 남녀는 살인과 목격, 추격이라는 각 사건의 실체로서 저마다의 차이에도 '하나의 존재(세계)를 공유'한다. "존재는 그것이 언명되는 모든 것에 대해 하나의 의미로 언명된다."라고 했듯이[178] 들뢰즈에게 존재의 공통성은 존재의 일의성(univocity)을 위한 필수 조건이다. 〈목격자〉의 두 남녀는 형이상학적 시퀀스의 존재성을 갖는다.

니체의 관점에서 존재는 '생성의 계속적인 반복'이다.[179] 니체의 "영원회귀가 곧 존재다."라는 선언은 시간이 종합되는 방식으로 존재와 시간을 구분하지 않고 하나의 연속으로 이해하는 것이다.[180] 두 남녀가 서로 쫓고 쫓기는 추격전과 서로 살해하는 사건은 모사와 반복이라는

---

[177] Plato, *Cratylus*, 402a.
[178] Gilles Deleuze, *Difference and Repetition*, 1995, p. 53.
[179] Gilles Deleuze, *Nietzsche and Philosophy*, 1983, p. 114.
[180] Ibid., p. 54.

고정된 모습이 아니라 변화와 차이를 생성하는 끝없는 과정으로 이해될 수 있다.

> The eternal return is not the permanence of the same, the equilibrium state or the resting place of the identical. It is not the 'same' or the 'one' which comes back in the eternal return but return is itself the one which ought to belong to diversity and to that which differs.[181]

영원회귀는 같은 것의 영원함도 아니며 동일함의 평형 상태나 안정된 장소도 아니다. 영원회귀에서 돌아오는 것은 '동일자'나 '일자'가 아니며 돌아오는 것은 그 자체가 다양성이고 차이가 나는 것에 속하는 회귀다.

각 세계(세계 1: 살인, 세계 2: 목격, 세계 3: 또 다른 살인, 세계 4: 또 다른 목격)의 작동 원리는 다중세계의 작동체계(시뮬라시옹)다. 이 과정에서 두 남녀는 파생의 파생을 거듭하며 외재적으로 부재하는 소통과 교감 너머 하나의 존재인 '탈재현적 실체'(시뮬라크르)로서 존재성을 드러낸다. 시뮬라크르는 과학기술시대의 존재에 대한 이해 방식이다. 원본도 사실성도 없는 시뮬라크르는 순간적 사건처럼 나타났다가 사라지는 순간적 생성을 무한 반복하지만 해명되어야 할 디지털시대의 존재론이다.

〈목격자〉에서 시뮬라크르는 사변적이지 않고 구체적 현상(사건)에 기반한다. 도로를 사이에 두고 병치된 건물과 살인 사건은 리얼리티의 다양한 양상을 반영하는 배치이자 사건이다. 여자를 살해한 남자(세계 1)는 길 건너편 목격자(세계 2)를 도망치게 한다. 추격전 끝에 그 여자(목격자 1)는 결국 같은 아파트에 도착하지만, 죽은 여자가 없는 새로운 세계

---
[181] Ibid., p. 46.

(세계 3)에 다다른다. 여자를 쫓아온 남자는 그녀에 의해 살해당한다. 이 장면은 그 남자(목격자 2)가 도망치게 하는 또 다른 세계(세계 4)를 유발한다. 세계 1, 세계 2, 세계 3, 세계 4는 각각 다른 세계인 동시에 서로 연결된 하나의 세계다. 즉, 네 개이면서 하나이고, 하나이면서 네 개다. 두 남녀는 둘이면서 한 명이고, 한 명이면서 두 명이다. 등장인물들과 이들의 세계는 가상과 실재가 공존하는 다중세계를 구현한다.

  시뮬라크르는 흉내낼 대상이 없는 이미지인 동시에 원본 없는 이미지다. 시뮬라크르는 그 자체가 현실을 대체하고 현실은 시뮬라크르의 지배를 받게 되므로 시뮬라크르는 현실보다 더 현실적인 것이다. 시뮬라크르는 실재하는 것이 아니라 독자적인 하나의 현실이다. 그렇다면 그 여자의 세계와 그 남자의 세계는 독자적인 하나의 현실이자 시뮬라크르다. 그 여자의 세계가 그 남자의 세계를 흉내내거나 모방한 것이라면 실제 대상을 복사하는 것이었지만 남자의 살해 장면과 여자의 살해 장면은 서로 모방하지 않고 재현하지 않는다. 두 살해 장면 중 어느 장면이 우선하는지 또는 어느 장면이 원본인지 구분할 필요는 없다. 이들에게 이원론은 존재하지 않는다. 살인 사건에서 이들은 가해자이면서 피해자인 공범 관계다.

  남자의 살인 장면이 원본이고 여자의 살인 장면이 복사본이라는 논리적 근거는 없다. 이들에게 '추상'은 없다. 그렇다고 남자의 살인 장면이 여자의 살인 장면의 '그림자'인 것도 아니다. 각 살인 장면이 그림자로서 사실성을 갖지 않기 때문에 서로의 이미지라고 할 수도 없다. 각 장면(사건)은 독립적인 실체로서 하나의 사건을 구성한다. 그래서 쫓고 쫓기는 추격전, 서로 살해하는 사건을 비롯한 모든 극적인 행동은 스스로 의미를 만들어가는 과정인 '시뮬라시옹'이다. "시뮬라시옹은 원본도 사실성도 없는 실재(the real), 즉 초과실재(hyper real)를 산출하는 과정

이다."¹⁸²

> One is not the simulacrum of what the other would be the real: there are only simulacra, ⋯⋯ There is certainly a chain reaction somewhere and we will perhaps die of it, but this chain reaction is never that of the nuclear, it is that of simulacra and of the simulation.¹⁸³

> 둘 중 하나는 실재이고 나머지 하나는 그의 시뮬라크르가 아니다. 시뮬라크르만 있다. 어딘가에 연쇄반응이 있고 우리는 그것 때문에 죽을 것이다. 하지만 연쇄반응은 핵 연쇄반응이 결코 아니고 시뮬라시옹과 시뮬라크르들의 연쇄반응이다.

쫓고 쫓기고 죽고 죽이는 서사 양식은 쉽게 파악할 수 있는 구조적 질서라기보다 끊임없는 변화의 과정인 시뮬라시옹이다. 〈목격자〉는 변화하는 '강렬도의 총합'을 우선시했고 큰 반향을 불러일으켰다.¹⁸⁴ 남자의 살인 장면은 곧 이어지는 두 남녀의 추격전과 여자의 살인 장면이 등장하자 사라진다. 즉, 존재와 사건을 나누던 개념 또는 관념이 사라져 버린 것이다. 한 공간에서 다른 공간으로, 한 사건에서 다른 사건으로 이동하는 동안 시뮬라시옹 시대가 열리고 모든 지시 대상은 소멸한다. 곧이어 사라진 지시 대상들이 기호체계 속에서 인위적으로 부활해 시뮬라시옹은 강화된다.

---

182 Jean Baudrillard, *Simulacra and Simulation*, trans. Sheila Faria Glaser, U of Michigan P, 1994.
183 Ibid., p. 55.
184 Gilles Deleuze and Felix Guattari, *A Thousand Plateaus: Capitalism and Schizophrenia*, U of Minnesota P, 1987, p. 15.

〈목격자〉의 다중세계는 같은 듯 혹은 다른 듯 복제(파생)의 복제(파생)를 거듭하면서, 다중세계는 마치 여러 세계가 연결된 과정으로써 하나의 우로보로스적 세계를 구현한다. 실재와 가상, 현실과 재현, 원본과 복제의 대립 항이 구별되지 않는 존재성이 출현한다. 이러한 존재들의 시뮬라크르는 "실재와 교환되지 않으며… 끝없이 순환 속에서 그 자체로 교환되는 초과실재다."[185]

〈목격자〉는 독립적이고 동시적인 시뮬라크르 존재론과 끝없이 순환되고 지속되는 시뮬라시옹 과정에서 '더 복잡하고 관계적인 주체'로의 인간관과 다중세계적 세계관을 제시한다.[186] 서로 쫓고 쫓기면서 살인자와 목격자의 역할을 동시에 번갈아 수행하는 그 남자와 그 여자는 '가상과 실재', '인간과 비인간'의 경계를 무력화하는 시뮬라크르 존재론을 구현한다.

SF 미학: 물질성 ↔ 예술성 ↔ 인간성

"은유적 시의 언어가 컴퓨터의 비자연적 언어에 자리를 내준다면 인간 창조성에 필수적인 것이 과학에서조차 사라질 것이다."라는 멈포드의 지적이 있지만,[187] 과학기술시대의 문예 텍스트는 언어 층위에 한정되지 않고 새로운 사유체로 감각되고 체화되어 테크네의 가치와 시학을 재정립할 필요성을 제기한다. SF 미학은 SF를 텍스트로 해 예술(문학)과 기술의 연결성을 담지한 네트워크의 활성화가 가져온 다자적 세계관을

---

185 Jean Baudrillard, *For a Critique of the Political Economy of the Sign*, Verso, 2019, p. 25.
186 Rosi Braidotti, 2013, p. 26.
187 Lewis Mumford, 1967, p. 162.

반영한다. 기존 사고를 따르지 않는 것을 표현할 때 새로운 시학이 필요하다. SF 시학은 기존 표현 양식이 표현 불가능성에 직면할 때 표현을 향한 계속되는 열망이다.

SF 미학, SF 서사, SF 시학, SF 매체성에 대한 논의는 '과학 패러다임이 변화할 때 문학 서사와 예술 형식은 어떻게 변화하는가?', '미학적 형식과 과학적 형식은 세상에서 어떤 상호작용을 하는가?'라는 질문에 답하는 것이다. 테크네는 인간의 '자기이해' 방식으로 인간이 창조 활동을 하면서 세계 안에서 살아가는 특별한 앎의 방식이다. 과학기술시대의 SF 미학은 기술 ↔ 예술 ↔ 지식 ↔ 미덕(탁월함)의 초연결성 실현을 통해 인간성과 물질성과 예술성을 동일 지평에서 제시한다. 테크놀로지 시대의 시학은 SF 미학을 간과할 수 없다. SF 미학은 과학과 인문학의 소통, 인간과 비인간의 통일성, 그리고 비인간에게 인간다움을 부여하는 다양한 서사 형식의 종합 위에서 정초된다. 또한 매체 전환, 네트워크 장르, 문예 플랫폼 연구를 SF 장르 연구에 포함시키고 신유물론적 사유와 실천을 아우를 때 SF 미학은 더 빛을 발한다.

신유물론과 물질적 전회[188]

신유물론은 미시세계의 양자역학이 거시세계의 일상에서 실현되는 과학기술시대의 사유다. 신유물론적 세계관에서는 탈근대적이고 탈식민적인 사유가 근대의 이분법과 인간중심주의적 위계를 무력화한다. 탈근대와 탈식민을 담지한 신유물론은 포스트휴먼의 과학기술시대의 '재

---

[188] 황정아, 〈물질적 전회, 또는 물질로의 도피?〉 참조. [https://www.unipress.co.kr/news/articleView.html?idxno=3290]

물질화'와 '물질적 전회'의 사유이며 폭넓은 존재론으로 그 사유가 현재진행형으로 넓게 펼쳐지고 있다.

과학기술시대에 활발히 논의 중인 양자역학, 인공지능, 메타버스, 다중우주론은 인간과 비인간을 포괄하는 물질세계에 대한 관심을 인문학 담론의 장으로 가져왔다. 신유물론은 이러한 물질과 물질세계의 물질적 작용을 새로 규명하려고 한다. 신유물론은 물질의 능동적 행위성을 인정한다. 이를 바탕으로 인간과 비인간, 자연과 문화를 포함한, 있을 수 있는 모든 이분법을 의심하고 그 경계를 재구성하고 무력화하는 새로운 학문적 패러다임을 제시한다. 신유물론에서 물질은 사물이 아니라 행위성과 관계성, 분리 불가능성의 응결이다. 신유물론의 물질적 전회는 물질세계의 역량을 그대로 다시 비춘다.

'물질적 전회'는 물질 속에서 물질에 의존하며 물질로서 살아가는 인류가 물질의 역동성에 동참하는 실천이다. 물질의 역동성은 세계의 재구성에 참여한다는 의미에서 생성 역량이다. 양자역학적으로 신유물론을 풀어낸 바라드에게 물질은 내부 작용으로 생성·발생하는 것이다. 물질로서의 인간의 본성과 물질세계의 사물의 본성은 인간과 자연의 본질적 통일성이 실현되는 데서 종합된다. 물질세계에서 인간의 본성과 사물의 본성은 분리 불가능성에 있으며 내부 작용에 의한 상호의존성과 상호연결성의 존재론에 기반한다.

과학기술시대는 물질적 전회 시대라고 불릴 만큼 물질적 전회는 시대적 흐름이 되었다. 신유물론, 사변적 실재론, 객체지향 존재론, 행위자 네트워크 이론을 포함한 다양한 담론이 결합하거나 차별화하면서 물질적 전회라는 사회적 상상계가 형성되고 있다. 물질을 향해 돌아서겠다는 물질적 전회는 지금까지 우리가 다른 뭔가로 향하고 있었음을 전제한다. 그 '뭔가'는 바로 언어다.

지난 20세기 인문학계의 표준으로 작동한 것은 '언어적 전회'가 구축한 전제들이다. 현실을 향한 접근은 인식 과정이라는 매개를 통해 가능하며 인식은 다시 언어로써 가능하다는 생각이 학계의 흐름이자 경향이었다. 탈구조주의를 비롯한 대부분 중요 이론이 이러한 전회에서 번성했다. 자연적, 생물학적, 기술적이라고 여겨온 것도 정치, 사회, 역사, 문화적 구성물이고 언어적 산물이라는 이론과 개념이 학문 세계를 구성했다.

그렇다면 인류 진화의 관점에서 언어적 전회가 어떻게 시작되어 오늘날에 이르렀는지 고찰할 필요가 있다. 원시 인류는 말을 발명하면서 언어적 전회라는 거대한 흐름에 올라탔다. 이는 정신, 문화, 그리고 문명이 태동하는 결정적 계기가 되었다. 언어의 발명으로 동물적 신호를 복잡한 인간의 메시지로 번역할 수 있게 되었고 존재의 지평도 넓어졌다. 언어의 발명으로 인간과 세계 간에 깊은 대화가 이루어지고 지식의 세계도 드넓게 펼쳐졌다. 언어는 인간 정신의 표현 수단이 되었고, 이를 통해 신화의 세계가 열리고 공동체의 질서가 세워졌다. 그 결과, 세계를 이해하고 해석하는 방식이 확장되었다. 그렇게 세계는 무한한 잠재력으로 충만해졌다. 언어가 이러한 경지에 이르자 과거와 미래는 현재 살아 있는 일부가 되었다. 언어가 정신임을 나타내는 실례는 많다. 정치적 정복자가 피정복자의 민중 언어부터 억압하는 것은 바로 이런 이유 때문일 것이다. 이런 억압에 대한 방어 수단은 민족 언어와 민족 문학의 부흥이었다. 언어를 통한 의미 추구는 인류가 이룬 성취의 정점이다.

 물질적 전회의 시대는 언어적 전회의 긴 문명의 시간을 딛고 새로 출발했다. 이러한 전환기적 시대에 언어적 전회를 비판적으로 성찰하고 그 한계를 넘어서려는 노력이 필요하다. 이런 의미에서 이 책 앞 장에서 언어적 전회의 의미를 되짚어 보았다. 이 책은 기계의 신화가 발생해 인류가 어떤 절차로 과학을 믿게 되었는지를 살펴보았다. 기계의 신화는 물질세계에 유기적 질서를 부여했고 언어로 대표되는 상징체계와 질서는 언어적 전회가 이룬 성취였다. 인공일반지능과 양자역학이 거시세계에서 실현되는 과학기술시대에 이르러 언어적 전회가 구축한 문명은 아쉽게도 일단락되고 있다. 그 뒤를 이어 물질적 전회가 새로운 문명의 등장을 재촉하고 있다.

원시 인류의 말의 발명 이후 언어적 전회가 이룬 거대한 문명적 흐름은 이제 다른 상상을 한다. 과학기술시대와 초연결성, 포스트휴머니즘 시대는 '언어적 전회'를 표적으로 삼아 새로운 전환을 시도한다. 물질적 전회는 언어적 전회가 가져온 문명과 인식론이 모든 것을 집어삼켰다고 비판하며 언어 이면의 존재를 향해 나아간다. 이로써 물질적 전회는 '존재론적 전회'라고 불린다. 이때의 존재론은 인간중심주의에 매몰되지 않는다. 존재론적 전회는 동물, 식물, 우주, 인공지능, 휴머노이드 로봇을 포함한 다양한 비인간 존재들의 역량을 드러낸다. 동시에 양자역학적 작동원리가 미시세계를 넘어 거시세계로 확장되면서 입자와 파동으로서의 물질 자체에 대한 관심이 일상에서 두드러지고 있다.

이러한 움직임에는 물질에 대한 재평가가 당연히 수반될 수밖에 없다. 물질적 전회는 물질이 수동적이고 불변적이고 정태적이라는 관점과 물질을 '대상'으로 여기는 태도에 반대한다. 물질적 전회는 물질을 '주체'의 지위에 올려 능동성, 창조성, 생산성, 관계성, 행위자성 등의 특징을 사물의 본성으로 설명한다. 물질에 대한 새로운 관심이 현실의 물질적 변화를 배경으로 하고 있음은 말할 필요도 없다. 코로나 팬데믹과 기후변화 위기, 인공일반지능과 휴머노이드 로봇에서 보듯이 인류는 물질과 새로운 관계에 이미 돌입했으며 인류의 지속가능성을 위해 지금까지와 다른 관계를 도모해야 할 상황에 직면했다.

물질적 전회는 인간중심주의에 대한 비판에 주저하지 않는다. 인간은 물질, 사물, 객체들이 이루는 평평한 관계망의 한 요소일 뿐이다. 언어와 인식을 비롯한 인간적·문화적 영역도 그 관계망 속에서 이해되어야 한다. 그런데 사실 언어의 실패와 인식의 불가능성에서 주체의 '죽음'과 인간(개념)의 죽음에 이르기까지 인간의 무력함은 문제시되었다. 인간이 물질을 '대상화'하며 훼손해온 것도 사실이지만 과학기술시대에 가장 위협적으로 느껴지는 것은 인간을 둘러싼 물질의 강력한 존재감과 대비되는 인간의 무기력이다. 무용 계급(useless class)이라는 새로운 인간 계급의 부상이 더 위협적이다. 인간의 감정과 언어를 구사하는 인공지능의 등장은 물질적 전회가 가져온 물질세계의 엄청난 역량을 단적으로 보여주는 한 사례다. 어쩌면 그것은 물질이 스스로 성취한 전회를 인간이 뒤늦게 확인하고 인정하는 것에 불과할지도 모른다.

하이데거는 전통적인 휴머니즘에 비판적이면서도 그 반대의 이유를 인간의 '존엄' 또는 '본질'을 제대로 이해하지 못했기 때문이라고 주장한다. 하이데거에 따르면 기존의 휴머니즘은 인간을 이성적 동물로 환원하는 형이상학적 인간관을 반복할 뿐이다. 그 결과, 인간 존재의 근원적 차원, 즉 존재를 사유할 수 있는 능력으로서의 인간을 간과하게 된다. 하이데거에게 인간의 본질은 '존재의 집을 돌보는 존재자'로, 인간은 존재 자체가 자신을 드러낼 수 있도록 개방성에 응답하는 존재로 이해되어야 한다는 것이다. 즉, 인간의 위엄은 인간이 어떤 유(entity)보다 우월하거나 능동적이라는 데 있는 것이 아니라 존재에 대한 사유와 응답에 책임을 지는 존재라는 데 있다. "인간은 이성적 동물이라는 정의는 본질을 말해주지 못한다. 인간의 본질은 존재를 사유하는 데 있다." 하이데거는 이러한 맥락에서 전통적 휴머니즘이 인간을 비인간화한다고 비판했다. 그것은 인간을 주체(subject)로 환원시키고 존재를 객체(object)

로 파악하게 하며 인간의 존재론적 개방성을 폐쇄하는 결과를 낳는다. 하이데거는 인간을 다시 '존재의 진리에 응답하는 존재'로 회복시키려는 근원적인 인간 이해를 요구하며 이러한 사유야말로 인간의 고유성, 인간 본성을 지키는 길이라고 보았다.[189]

하이데거에서 보듯이 인간중심주의라고 비판만 한다고 휴머니즘의 한계가 극복되는 것은 아니다. 행위자로서 특권적 역량을 갖고 있지 않음을 드러낸 신유물론은 오히려 인간만이 감당할 수 있고 감당해야 할 인간 본성을 사유하기에 적합한 해법일 수 있다. 물질로의 도피나 물질만능주의가 아니라, 우리는 입자성과 파동성이 공존하는 물질세계에서 인간성과 물질성이 동일한 지평에서 연결되고 의존하는 관계임을 인식해야 한다. 이러한 인식은 진정한 물질적 전회로 나아가는 출발점이 된다. 신유물론은 그 과정에서 인간의 길을 탐색하고, 인간 본성을 실천하고, 인간의 고유성을 살리는 길잡이가 될 수 있다.

물질적 전회와 신유물론 시대의 공부법

과학기술시대에 이르러 기존 정신의 영역으로 여겨지던 것들조차 물질의 일부가 되었다. 이로써 정신문화와 인문학 지식마저 물질 운용의 법칙에 따라 작동하게 되었다.[190] 고대에도 인간의 정신을 물질 작용으로 설명하려는 시도가 있었고 국가와 사회 시스템, 인간의 언어와 의례까지 기계적으로 설명하려는 시도도 있었다. 앞에서 살펴보았듯이 인류 진화

---

[189] Martin Heidegger, "Letter on Humanism," *Pathmarks*, Cambridge UP, 1998, pp. 239-276.
[190] 백낙청, 「물질 개벽 시대의 공부길」, 『문명의 대전환과 후천개벽』, 모시는 사람들, 2020, p. 47.

과정은 인간이 과학을 신봉하게 된 계기를 명백히 드러냈다. 근대 과학혁명과 이성주의가 주도하던 시대에는 정신과 물질을 서로 다른 실체로 규정하는 이원론이 지배적이었다. 그러나 인공일반지능과 양자역학이 부상한 과학기술시대에는 이원론을 넘어서는 전일적·전체적 세계관이 새로운 학문적 패러다임으로 부상하고 있다. 존재자들의 존재론적 분리 불가능성, 불확정성 원리, 행위성, 상호연결성, 상호의존성, 전체로서의 세계에서 내부 작용과 클리나멘 운동, 얽힘과 관계적 존재론은 인간의 정신을 물질적, 생물학적 법칙으로 설명할 이론적 근거를 마련한다. 물질적인 것과 정신적인 것의 경계가 무력화되고 더 나아가 정신도 물질로 이루어졌다는 고대 유물론적 사유가 재부상했고 인문학 텍스트에서도 재물질화와 재신비화 작업이 이루어지고 있다. 그 중심에 SF가 있다.

인공지능, 메타버스, 양자컴퓨팅, 우주론 등 다양한 과학기술적 진보가 쏟아지는 과학기술시대의 물질적 전회를 설명하는 이론인 신유물론은 고대와 근대의 유물론과는 다른 차원의 것이다. 신유물론이 이전 유물론과 무엇이 다르고 과학기술시대의 물질적 전회와 재물질화가 무엇을 어떻게 하겠다는 것인지 살펴보는 연구는 과학기술시대의 사회적 상상계를 통찰하는 공부다. 신유물론은 물질적인 것과 정신적인 것을 동일 지평에서 사유할 근거를 폭넓게 제시하고 다양한 존재자들의 경계를 무력화하고 재경계화하고 경계를 다시 무력화하는 실천적 방법론을 제시한다. 신유물론의 재물질화와 양자역학 시대의 물질적 전회는 네트워크 혁명과 정신혁명이라는 다른 차원의 혁명을 가져왔다. 기술과 물질의 혁명은 네트워크와 정신의 혁명과 무관할 수 없음을 이 책 전반에서 논의했다.

기술에 잠식된 인문학이 아니라 기술을 인도하는 정신혁명으로서 인문학 공부법의 답을 찾아가는 길에 이 책은 신유물론을 제시한다. 신유물론에서 사물(세계)과 인간(정신)은 분리된 존재가 아니다. 그렇다면 물질 운용의 법칙을 활용하면서도 정신적 경지에 이르는 공부는 어떤 차원의 공부인가? 기존 인문학적 사유로는 과학기술시대에 대응하는 데 한계에 직면했고 기술시대를 선도하기에도 역부족이다. 본격적인 인공지능 기술이 상용화되면서 'AI 기술'에 대한 논의보다 'AI 윤리'에 대한 논의가 더 심각하게 이루어져야 한다는 각성의 목소리도 커지고 있다. "거대한 AI 실험을 멈춰라: 공개서한(Pause Giant AI Experiments: An Open Letter)"은 그 대표적인 움직임으로 최첨단 인공지능 연구를 잠시 멈출 것을 제의했다.

인공지능은 일반적인 업무에서 인간과 경쟁할 수 있는 수준 이상으로 발전하고 인간이 무용 계급으로 추락할 가능성이 있는 시기에 우리 자신에게 질문을 던져야 한다. 기계가 우리의 정보 채널을 가득 채우는 것을 내버려 두어야 하는가? 모든 작업을 자동화해야 하는가? 인류 문명에 대한 통제력 상실이라는 위험을 감수해야 하는가? 이러한 결정을 선출되지 않은 빅테크에게 위임한다면 민주주의 제도 자체까지 위협받을 것이 분명하다. 그렇다면 강력한 인공지능 시스템에 대한 도덕성과 효율성에 대한 공론의 장이 필요하고 인공지능 거버넌스도 인문학적 성찰의 대상이 되어야 한다.

> AI developers must work with policymakers to dramatically accelerate development of robust AI governance systems. These should at a minimum include: new and capable regulatory authorities dedicated to AI;oversight and tracking of highly capable AI systems and large pools of computational capability;provenance and watermarking systems to

help distinguish real from synthetic and to track model leaks;a robust auditing and certification ecosystem;liability for AI-caused harm;robust public funding for technical AI safety research;and well-resourced institutions for coping with the dramatic economic and political disruptions (especially to democracy) that AI will cause.[191]

AI 개발자는 정책 입안자들과 협력해 강력한 AI 거버넌스 시스템 개발을 획기적으로 가속해야 한다. 이러한 시스템에는 최소한 다음과 같은 것들이 포함되어야 한다. AI를 전담할 새롭고 유능한 규제 당국, 고도의 능력을 갖춘 AI 시스템과 대규모 연산 능력 풀에 대한 감독·추적, 실제와 합성을 구별하고 모델 유출 추적에 도움이 되는 출처 및 워터마킹 시스템, 강력한 감사 및 인증 생태계, AI로 인한 피해에 대한 책임, 기술적 AI 안전 연구를 위한 강력한 공공자금, AI가 초래할 극심한 경제적, 정치적 혼란(특히 민주주의에 대한)에 대처할 충분한 자원을 갖춘 기관 등이다.

    기술혁신은 윤리, 자본주의, 거버넌스와 같은 새로운 난제를 불러왔다. 이 난제들은 과학기술시대에도 여전히 정신적인 것에 대한 탐구가 절실함을 일깨운다. 물질 운용의 법칙으로 정신을 이해하는 시대에 정신과 물질이라는 이분법을 넘어 인간과 세계의 본질적 통일성을 구현해 인간 정신의 경지를 높이는 것이 인공지능 상상계에서 인간 본성을 견지하는 길일 것이다.
    과학기술시대는 그 어느 때보다 인간 본성과 인간 고유성에 대한 관심을 불러일으키고 있다. 물질 시대에 물질 속에서 물질로 살아가는 인

---

[191] "Pause Giant AI Experiments: An Open Letter" [https://futureoflife.org/open-letter/pause-giant-ai-experiments/]

간 본성에 대한 이해는 사물의 본성에 대한 이해와 다르지 않다. 이 글은 인간의 본성과 사물의 본성을 동일 지평에서 논의하기 위해 신유물론을 물질적 전회 시대의 사유로 제시한다.

맺음말

오늘날 우리에게 주어진 선택은 언어적 전회에서 물질적 전회라는 바뀐 세계의 현실을 받아들여 인간의 본성과 사물의 본성에 부합되는 인간 고유성을 어떻게 창발해낼 것인가에 있다. 기술혐오주의, 인간중심주의, 인간과 비인간 이분법, 식민주의적 권력체제(Colonial Matrix of Power)를 뛰어넘는 인간과 비인간, 인간과 세계(우주)의 공존과 공진화 노력은 존재론적 분리 불가능성과 불확정성, 동시 존재성이라는 과학기술시대의 사회적 배경을 거부하지 않는다. 인간의 본성과 사물의 본성을 상호연결성과 상호의존성 관점에서 고찰하는 것은 인간 고유성에 대한 탐구다. 그렇다면 물질적 전회라는 새로운 차원의 문명에서 인간 고유성을 생성한다는 것은 무엇인가? 필자는 언어적 상징과 질서가 일군 문명과는 다른 차원의 문명을 살아가야 하는 과학기술시대 인류의 고유성을 탐구했다. 그 탐구는 인문학의 과학적 성격과 과학의 인문학적 성격을 아우르는 공부법을 통해 이루어졌다. 그리고 그 중심에서 신유물론의 가능성을 타진했다.

신유물론은 과학과 인문학의 경계를 무력화해 학문의 재구성을 통한 새로운 지식과 의미의 확장을 통해 하나의 인문학으로 포괄될 가능성을 제시한다. 신유물론은 인공일반지능, 메타버스, 양자역학적 동시 존재성과 분리 불가능성, 클리나멘적 내부 작용, 인간과 비인간 사이의 종(種)적 위계가 무력화된 애니미즘적 소통과 대화, 우주 시대와 과학기술 시대를 엄연한 현실로 받아들인다. 필자는 과학기술시대의 인간 고유성을 신유물론적 사유와 실천을 통해 살펴보았다.

이 책은 원시 인류의 말과 정신, 상징체계의 발명에서부터 논의를 시작해 언어적 전회가 가져온 문명의 번성을 거쳐 과학기술시대의 물질적 전회에 이르는 긴 여정을 살펴보았다. 이 책은 인간중심주의가 아니라 다양한 존재자들을 포괄하는 전일적 세계관으로 테크-애니미즘을 포함한 과학기술 서사학과 과학기술 철학, 신유물론 공부를 통해 물질세계에서 물질로 살아가는 인간의 본성을 살펴보았다. 인간 개념처럼 인간의 본성도 불변하는 것이 아니라 만들어지는 것이다. 인간과 우주는 영원한 '되기' 과정에서 세계를 함께 구성하며 공진화하는 상보적 공동 주체다. 신유물론적 실천은 인간의 자기애, 자기발견, 자기이해를 향한 지속적인 자기반성적 성찰이라고 할 수 있다. 이 책은 기계의 신화, 신유물론, SF 미학을 종합하는 논의를 전개했다. 이를 통해 과학기술시대에 인류가 무용 계급론(useless class)의 두려움을 극복하고, 인간 고유성이 새롭게 창발될 수 있다는 근거를 제시했다. 이 책은 고대적 관점에서부터 최첨단 과학기술적 관점에 이르기까지 다양한 시선으로 인간 고유성을 탐색하는 여정이었다. 이 여정이 변화와 진화의 열린 지평에서 인간의 본성을 다시 성찰하는 '물질과 의식의 빛으로의 여정'이 되었으면 좋겠다.

참고
문헌

김재인. 『들뢰즈의 비인간주의 존재론』. 2013. 서울대학교, 박사학위논문.
김희봉. 「현대사회의 가상성과 보드리야르의 시뮬라크르 개념」. 『현상학과 현대철학』 60, 2014, pp. 5-33.
니체, 프리드리히. 『차라투스트라는 이렇게 말했다』. 백승영(역). 사색의 숲, 2022.
라투르, 브루노. 『우리는 결코 근대인이었던 적이 없다』. 김환석 (역). 갈무리, 2009.
멈포드, 루이스. 『기계의 신화 1: 기술과 인간의 발전』. 김한영(역). 민음사, 2022.
───. 『기계의 신화 2: 권력의 펜타곤』. 김종달(역). 경북대학교출판부, 2012.
매즐리시, 브루스. 『네 번째 불연속: 인간과 기계의 공진화』. 김희봉(역). 사이언스북스, 1993.
밀턴, 존. 『실낙원』. 김태길(역). 문학동네, 2010.
박신현. 『캐런 바라드』. 컴북스캠퍼스, 2023.
보드리야르, 장. 『기호의 정치경제학 비판』. 이규현(역). 문학과 지성사, 2007.
백낙청. 『문명의 대전환과 후천개벽』. 모시는 사람들, 2020.
베넷, 제인. 『생동하는 물질: 사물에 대한 정치생태학』. 문성재(역). 현실문화, 2020.
얼라이모, 스테이시. 『말, 살, 흙 - 페미니즘과 환경정의』. 윤준, 김종갑(역). 몸문화연구소 번역 총서 1, 2018.
유기쁨. 『애니미즘과 현대세계: 다시 상상하는 세계의 생명성』. 눌민, 2023.
이지선. "우주, 우주론, 우주철학의 문제들: 우주론의 고고학을 위한 시론." 『철학연구』 130, 2020, pp. 69-97.

일연. 『삼국유사』. 김완진(역). 을유문화사, 2003.

임성철. 「고대 희랍 철학에 나타난 관상적 생활: 이상의 기원과 의미에 관한 연구」. 『철학탐구』 21, 2007, pp. 121-154.

주수빈, 강민서. "뉴질랜드의 강이 인간과 동등한 법적 권리를 부여받다." 『르몽드 디플로마티크 한국어판』. 2017년 4월 10일, 르몽드 코리아.
[https://www.ilemonde.com/news/articleView.html?idxno=7189.]

전상직. "테크네, 삶을 풍요롭고 가치 있게." 〈중앙일보〉. 2021.10.12.

칸트, 임마누엘. 『순수이성비판』. 최재희(역). 박영사, 2019.

커즈와일, 레이. 『특이점이 온다: 기술이 인간을 초월하는 순간』. 김명남, 장시형(역). 김영사, 2007.

"타라나키 마운가, 법적 인격체로 선언: 산은 우리의 조상." The Korea Post, 10 Apr. 2025. [nzkoreapost.com/bbs/board.php?bo_table=news_all&wr_id=48800]

타일러, 에드워드 버넷. 『원시문화: 신화, 철학, 종교, 언어, 기술, 그리고 관습의 발달에 관한 연구』. 유기쁨(역). 아카넷, 2018.

테그마크, 맥스. 『맥스 테그마크의 유니버스』. 김낙우(역). 동아시아, 2017.

하먼, 그레이엄. 『비유물론: 객체와 사회이론』. 김효진(역). 갈무리, 2020.

홍은숙. 「기술시대의 테크-내러티브: 〈3000년의 기다림〉에 나타난 비인간 캐릭터의 재현 양상」. 『신영어영문학』 87, 2024, pp. 277-296.

———. 「〈독수리자리 너머〉에 나타난 무한우주: 인간성과 물질성의 내부작용」. 『인문연구』 107, 2024, pp. 93-118.

———. 「디지털 시대의 테크네와 문예 양식: 『목격자』에 나타난 물질적 전회」. 『신영어영문학』 89, 2024, pp. 221-242.

———. 「인공지능시대의 신식민주의: Transcendence에 나타난 지각기계와 특이점」. 『인문연구』 vol. 89, no. 1, 2019, pp. 255-284.

──. 「〈평행우주〉에 나타난 다중우주와 물질적 얽힘」. 『영미어문학』 153, 2024, pp. 21-39.

해러웨이, 도나. 『해러웨이 선언문 – 인간과 동물과 사이보그에 관한 전복적 사유』. 황희선(역). 책세상, 2019.

황정아. 「물질적 전회, 또는 물질로의 도피?」. 『대학시성 In & Out』. 2021년 3월 21일. [https://www.unipress.co.kr/news/articleView.html?idxno=3290.]

회페, 오트프리트 외. 『윤리학 사전』. 임홍빈 외(역). 예경, 1998.

d몬. 『데이빗』. 네이버 웹툰, 2020.

3000 Years of Longing. Dir. George Miller. Netflix, 2022.

Alaimo, Stacy. *Bodily Natures: Science, Environment, and the Material Self*. Indiana UP, 2010.

Appadurai, Arjun. *Modernity at Large: Cultural Dimensions of Globalization*. U of Minnesota P, 1996.

Aristotle. *Ethica Nicomachea*. Clarendon P, 1920.

──. *Poetics*. Translated with an introduction and notes by Malcolm Heath. Penguin Books, 1996.

Artaud, Antonin. *To Have Done with the Judgment of God*. Translated by Clayton Eshleman and Norman Glass, Black Sparrow Press, 1975.

Atzori, Luigi, Antonio Iera, and Giacomo Morabito. "From 'Smart Objects' to 'Social Objects': The Next Evolutionary Step of the Internet of Things." *IEEE Communications Magazine*, vol. 52, no. 1, 2014, pp. 97-105.

Aupers, Stef. "The Revenge of the Machines: On Modernity, Digital Technology and Animism." *Asian Journal of Social Science*, vol. 30, no. 2, 2002, pp. 199-220.

Bacon, Francis. *A Confession of Faith*. Edited by Basil Montagu. *The Works of Francis Bacon*, vol. 2, 1884. [https://en.wikisource.org/wiki/The_Works_of_Francis_Bacon/Volume_2/A_Confession_of_Faith]

Bagemihl, Bruce. *Biological Exuberance: Animal Homosexuality and Natural Diversity*. St. Martin's Press, 1999.

Baudrillard, Jean. *Simulacra and Simulation*. Trans. Sheila Faria Glaser. U of Michigan P, 1994.

Barad, Karen. "Diffracting Diffraction: Cutting Together-Apart." *Parallax*, vol. 20, no. 3, 2014, pp. 168-187.

———. "Getting Real: Technoscientific Practices and the Materialization of Reality." *differences: A Journal of Feminist Cultural Studies*, vol. 10, no. 2, 1998, pp. 87-128.

———. *Meeting the Universe Halfway: Quantum Physics and the Entanglement of Matter and Meaning*. Duke UP, 2007.

———. "On Touching — The Inhuman That Therefore I Am." *differences: A Journal of Feminist Cultural Studies*, vol. 23, no. 3, 2012, pp. 206-223.

———. "Posthumanist Performativity: Toward an Understanding of How Matter Comes to Matter." *Signs: Journal of Women in Culture and Society*, vol. 28, no. 3, 2003, pp. 801-831.

———. "Quantum Entanglements and Hauntological Relations of Inheritance: Dis/continuities, Spacetime Enfoldings, and Justice-to-Come." *Derrida Today*, vol. 3, no. 2, 2010, pp. 240-268.

―. "Transmaterialities: Trans/Matter/Realities and Queer Political Imaginings." *GLQ*, vol. 21, no. 2-3, 2015, pp. 387-422.

Baudrillard, Jean. *For a Critique of the Political Economy of the Sign*. Verso, 2019.

―. *Simulacra and Simulation*. Trans. Sheila Faria Glaser. U of Michigan P, 1994.

Beck, Ulrich. *Risk Society: Towards a New Modernity*. Trans. Mark Ritter. Sage Publications, 1992.

Bennett, Jane. *Vibrant Matter: A Political Ecology of Things*. Duke UP, 2020.

Beyond the Aquila Rift. In *Love, Death & Robots*. Created by Tim Miller and Alastair Reynolds. Netflix, 2021.

Bondi, Hermann. *The Universe at Large*. Doubleday, 1960.

Braidotti, Rosi. *Nomadic Subjects: Embodiment and Sexual Difference in Contemporary Feminist Theory*. 2nd ed., Columbia UP, 2012.

―. *The Posthuman*. Polity Press, 2013.

Childe, V. Gordon. *Man Makes Himself*. Paladin, 2013.

―. *What Happened in History*. Penguin Books, 1942.

Confucius. "Zhongyong, Chapter 28." *Chinese Text Project*. [ctext.org/liji/zhong-yong]

Coole, Diana, and Samantha Frost, editors. *New Materialisms: Ontology, Agency, and Politics*. Duke UP, 2010.

Darwin, Charles. *On the Origin of Species by Means of Natural Selection*. John Murray, 1859.

Derrida, Jacques. *Aporias: Dying―Awaiting (One Another at) the "Limits of*

Truth." Translated by Thomas Dutoit. Stanford UP, 1993.

Deleuze, Gilles. *Difference and Repetition*. Trans. Paul Patton. Columbia UP, 1995.

———. "Lucretius and Naturalism." *Contemporary Encounters with Ancient Metaphysics*. Trans. Jared Bly. Edinburgh UP, 2017, pp. 245-253.

———. *Nietzsche and Philosophy*. Trans. Hugh Tomlinson, Columbia UP, 1983.

Deleuze, Gilles and Felix Guattari. *Anti-Oedipus: Capitalism and Schizophrenia*. Trans. Robert Hurley, Mark Seem and Helen R. Lane. The Athlone P, 1983.

———. *A Thousand Plateaus: Capitalism and Schizophrenia*. Trans. Brian Massumi. U of Minnesota P, 1987.

———. *Difference and Repetition*. Trans. Paul Patton. Columbia UP, 1995.

Diels-Kranz Numbering. [https://iep.utm.edu/diels-kr/]

Ellis, G. F. R. "Issues in the Philosophy of Cosmology." *Philosophy of Physics*. Eds. B. J. Butterfield & J. Earman, Elsevier, 2006.

Epicurus. *Letter to Herodotus*. Trans. Robert Drew Hicks, 1925.

Harman, Graham. *Tool-Being: Heidegger and the Metaphysics of Objects*. Open Court, 2002.

Harari, Yuval Noah. *Sapiens: A Brief History of Humankind*. Harper, 2015.

Haraway, Donna. "A Manifesto for Cyborgs: Science, Technology, and Socialist-Feminism in the 1980s." *Socialist Review*, vol. 80, no. 15, 1985, pp. 65-108.

———. *Staying with the Trouble: Making Kin in the Chthulucene*. Duke UP, 2016.

Hayles, N. Katherine. *Unthought: The Power of the Cognitive Nonconscious*. U of Chicago P, 2017.

Hegel, Georg Wilhelm Friedrich. *Georg Wilhelm Friedrich Hegel: Encyclopedia of the Philosophical Sciences*. Eds. Klaus Brinkmann and Daniel O. Dahlstrom, Cambridge UP, 2010.

Heidegger, Martin. "Letter on Humanism." *Pathmarks*. Ed. William McNeill. Trans. Frank A. Capuzzi, Cambridge UP, 1998, pp. 239-276.

Hobbes, Thomas. *De Corpore*. In *The English Works of Thomas Hobbes of Malmesbury*, vol. 1, John Bohn, 1839.

Homer. *The Odyssey*. Trans. Emily Wilson, W. W. Norton & Company, 2018.

Hutcheon, Linda. *A Theory of Adaptation*. Routledge, 2013.

Feynman, R. P., Leighton, R. B. & Sands, M. *The Feynman Lectures on Physics, Vol 1: Mainly Mechanics, Radiation, and Heat*. Basic Books, 2010.

Francis Bacon. *A Confession of Faith*. Edited by Basil Montagu. *The Works of Francis Bacon*, vol. 2, 1884. [https://en.wikisource.org/wiki/The_Works_of_Francis_Bacon/Volume_2/A_Confession_of_Faith]

──. *A Confession of Faith*. 1641. *The Works of Francis Bacon*. Edited by James Spedding, Robert Leslie Ellis, and Douglas Denon Heath, vol. 14, Longman, 1861.

Frazer, James George. *The Golden Bough: A Study in Magic and Religion*. Edited by Robert Fraser. Oxford UP, 1998.

Fredette, J. et al. "The Promise and Peril of Hyperconnectivity for Organizations and Societies." *The Global Information Technology Report* 2012, World

Economic Forum.

Freud, Sigmund. *The Unconscious*. 1915. Translated by James Strachey, vol. 14 of *The Standard Edition of the Complete Psychological Works of Sigmund Freud*, Hogarth Press, 1957.

——. "A Difficulty in the Path of Psycho-Analysis." *The Standard Edition of the Complete Psychological Works of Sigmund Freud*. Translated by James Strachey, vol. 17, Hogarth Press, 1955, pp. 135–144.

Gamble, Christopher N., Hanan, Joshua S. & Nail, Thomas. 'What is new materialism?' *Angelaki* 24. 6, 2019, pp. 111–134.

Gibson, William. *Neuromancer*. Harper Collins Publishers, 1995.

Graham, Daniel W. *Explaining the Cosmos: The Ionian Tradition of Scientific Philosophy*. Princeton UP, 2006.

Haraway, Donna. "A Cyborg Manifesto: Science, Technology, and Socialist-Feminism in the Late Twentieth Century." *Simians, Cyborgs, and Women: The Reinvention of Nature*. Routledge, 1991, pp. 149–181.

——. *Staying with the Trouble: Making Kin in the Chthulucene*. Duke UP, 2016.

Harari, Y. N. *Sapiens: A Brief History of Humankind*. Harper, 2015.

Hardt, Michael, and Antonio Negri. *Multitude: War and Democracy in the Age of Empire*. Penguin Press, 2004.

Harman, Graham. *Tool-Being: Heidegger and the Metaphysics of Objects*. Open Court, 2002.

Hayles, N. Katherine. *Unthought: The Power of the Cognitive Nonconscious*. U of Chicago P, 2017.

Heidegger, Martin. "Letter on Humanism." *Pathmarks*. Cambridge UP, 1998, pp. 239-276.

Hesiod. *Works and Days and Theogony*. Translated by Stanley Lombardo. Hackett Publishing Company, 1993.

Hobbes, Thomas. *De Corpore: Elements of Philosophy. The First Section. Concerning Body*. Edited by Sir W. Molesworth. *The Collected Works of Thomas Hobbes*, Routledge, 1992.

Höffe, Otfried. *Lexikon der ethik*. C. H. Beck, 2008.

Homer. *The Iliad*. Translated by Robert Fagles, Penguin Classics, 1990.

Huizinga, Johan. *Homo Ludens: A Study of the Play-Element in Culture*. Translated by R. F. C. Hull. Beacon Press, 1955.

Hutcheon, Linda. *A Theory of Adaptation*. Routledge, 2013.

Ingold, Tim. "Rethinking the Animate, Re-Animating Thought." *Ethos*, vol. 71, no. 1, 2006, pp. 135-152.

———. *The Perception of the Environment: Essays on Livelihood, Dwelling and Skill*. Routledge, 2000.

Jaspers, Karl. *The Origin and Goal of History*. Translated by Michael Bullock, Yale UP, 1953.

Kirby, Vicky. *Quantum Anthropologies: Life at Large*. Duke UP, 2011.

Kurzweil, Ray. *The Singularity is Near: When Humans Transcend Biology*. Viking, 2005

Lacan, Jacques. *Écrits: A Selection*. Translated by Alan Sheridan. Routledge, 1977.

Latour, Bruno. *Facing Gaia: Eight Lectures on the New Climatic Regime*.

Polity Press, 2017.

———. *We Have Never Been Modern*. Trans. Catherine Porter. Harvard UP, 1993.

Levine, Caroline. *Forms: Whole, Rhythm, Hierarchy, Network*. Princeton UP, 2015.

Love, Death & Robots. Created by Tim Miller, episode "The Witness," directed by Alberto Mielgo, Netflix, 15 Mar. 2019.

Lucretius. *On the Nature of Things*. Translated by Frank O. Copley, W. W. Norton, 1977.

Milton, John. *Paradise Lost*. Edited by Gordon Teskey. Norton, 2005.

Mauss, Marcel. *The Gift*. Routledge, 2011.

Marx, Karl. *Capital: A Critique of Political Economy*, Vol. I. Penguin Books, 1990.

———. *Grundrisse: Foundations of the Critique of Political Economy*. Translated by Martin Nicolaus. Vintage Books, 1973.

Mazlish, Bruce. *The Fourth Discontinuity: The Co-Evolution of Humans and Machines*. Yale UP, 1993.

Meillassoux, Quentin. *After Finitude: An Essay on the Necessity of Contingency*. Translated by Ray Brassier. Continuum, 2008.

———. "The Immanence of the World Beyond." *The Grandeur of Reason: Religion, Tradition and Universalism*. Ed. Peter M. Candler and Conor Cunningham. SCM Press, 2009, pp. 444–479.

Melville, Herman. *Moby-Dick; or The Whale*. Edited by Harrison Hayford and Hershel Parker. Norton Critical Edition, 2nd ed., W. W. Norton, 2002.

Merleau-Ponty, Jacques. *Cosmologie du XXe siècle*. Gallimard, 1982.

Müller, F. Max. *Lectures on the Science of Thought*. Longmans, Green, and Co., 1887.

Mumford, Lewis. *The Myth of the Machine: Technics and Human Development*. Harcourt, 1967.

──. *The Pentagon of Power: The Myth of the Machine*. Harcourt Brace Jovanovich, 1970.

Nail, Thomas. *Lucretius I: An Ontology of Motion*. Edinburgh UP, 2018.

Nietzsche, Friedrich. *Thus Spoke Zarathustra*. Translated by R. J. Hollingdale, Penguin Books, 1961.

PARALLELS. Directed by Quoc Dang Tran, Disney Plus, 2021.

Pause Giant AI Experiments: An Open Letter. *Future of Life Institute*, 22 Mar. 2023. [https://futureoflife.org/open-letter/pause-giant-ai-experiments/]

Plato. *Cratylus*. Trans. Benjamin Jowett. Independently published. 2020.

──. *Phaedo*. Translated by David Gallop. Oxford UP, 1993.

Reynolds, Alastair. [https://www.alastairreynolds.com/]

Richardson, Kathleen. "Technological Animism: The Uncanny Personhood of Humanoid Machines." *Social Analysis*, vol. 60, no. 1, 2016, pp. 110-128.

Sagon, Carl. *Cosmos*. Ballantine Books, 2013.

Sahlins, Marshall. *Stone Age Economics*. Aldine-Atherton, 1972.

Seidenberg, Roderick. *Posthistoric man: An inquiry*. North Carolina UP, 1950.

Spinoza, Benedictus de. *Ethics*. Translated by Edwin Curley, Penguin Classics, 1996.

The Epic of Gilgamesh. Translated by Maureen Gallery Kovacs. Stanford UP,

1989.

The Ghost in the Shell. Dir. Oshii Mamoru. Manga Video, 1995.

The Holy Bible: King James Version. Thomas Nelson, 1987.

The Witness. Dir. Alberto Mielgo. Netflix, 2019.

Taylor, Charles. *Modern Social Imaginaries*. Duke UP, 2004.

Tylor, Edward B. *Primitive Culture: Researches into the Development of Mythology, Philosophy, Religion, Language, Art, and Custom*. Vol. 1, John Murray, 1871.

Uman, Martin. *The Lightning Discharge*. Dover Publications, 1986.

Weber, Max. *The Sociology of Religion*. Trans. Ephraim Fischoff. Beacon Press, 1993.

Wertheim, Margaret. *The Pearly Gates of Cyberspace: A History of Space from Dante to the Internet*. Virago, 1999.

The Witness. Dir. Alberto Mielgo. Netflix, 2019.

Wolfe, Charles T. "Varieties of Vital Materialism." *The New Politics of Materialism*. Edited by Sarah Ellenzweig and John H. Zammito. Routledge, 2017, pp. 44−65.

『신유물론과 SF 미학』은 인류가 어쩌다 자신보다 과학을 더 믿게 되었는지에 대한 근원을 찾아가는 여정이다. 이 과정은 '인간중심주의'도 아니고 '기술지상주의'도 아니다. 인류가 맞이하게 된 과학기술이 가져온 물질적 전회는 '인간으로부터 도피' 또는 '물질을 향한 도피'가 아닐 것이다. 이 글은 인류 문명이 변화와 진화의 양태를 갖춰나가는 과정에서 반복적, 유기적, 관계적, 기계적 표준화 시스템이 처음부터 인간성과 함께 했다는 근거를 제시한다.

신유물론은 과학과 인문학의 경계를 무력화해 학문의 재구성을 통한 새로운 지식과 의미의 확장을 통해 하나의 인문학으로 포괄될 가능성을 제시한다.
....
인간과 우주는 영원한 '되기' 과정에서 세계를 함께 구성하며 공진화하는 상보적 공동 주체다. 신유물론적 실천은 인간의 자기애, 자기발견, 자기이해를 향한 지속적인 자기반성적 성찰이라고 할 수 있다.

동국대학교 저서출판 지원사업 선정도서
이 저서는 2024년도 동국대학교 연구비지원을 받아 수행된 연구결과물임.
This work was supported by the Dongguk University Research Fund of 2024

신유물론과 SF 미학

초판 1쇄 2025년 11월 11일 발행

지은이 홍은숙
발행인 박기련
발행처 동국대학교출판부

출판등록 제1973_000004호
주소 04626 서울시 중구 퇴계로36길 2 신관1층 105호
전화 02_2264_4714
전송 02_2268_7851
Homepage http://dgpress.dongguk.edu
E_mail abook@jeongjincorp.com

디자인 페이퍼붓다
제작 건영프린텍

ISBN 978-89-7801-790-9 (값21,000원)

ⓒ이 책의 무단 전재나 복제 행위는 저작권법 제98조에 따라 처벌 받게 됩니다.

※ 잘못 만들어진 책은 구입처에서 교환 가능합니다.
※ Mapo꽃섬, 솔뫼 김대건, 에스코어 드림 등의 서체가 사용되었습니다.